人工智能时代的
超思考法

AI時代の「超」発想法

（日）野口悠纪雄 ◎著 柳小花 ◎译

U0223967

化学工业出版社

·北京·

AI JIDAI NO "CHO" HASSOHO

ISBN 978-4-569-84378-0

Copyright © 2019 by Yukio NOGUCHI

First original Japanese edition published by PHP Institute, Inc., Japan.

Simplified Chinese translation rights arranged with PHP Institute, Inc.

through Rightol Media Limited.

本书中文简体字版由 PHP Institute, Inc. 通过锐拓传媒授权化学工业出版社有限公司独家出版发行。

本书仅限在中国内地（大陆）销售，不得销往中国香港、澳门和台湾地区。未经许可，不得以任何方式复制或抄袭本书的任何部分，违者必究。

北京市版权局著作权合同登记号：01-2020-6089

图书在版编目（CIP）数据

人工智能时代的超思考法／（日）野口悠纪雄著；柳小花译. —北京：化学工业出版社，2020.11

ISBN 978-7-122-37665-7

Ⅰ.①人… Ⅱ.①野…②柳… Ⅲ.①人工智能－思维方法 Ⅳ.①TP18②B80

中国版本图书馆 CIP 数据核字（2020）第 165778 号

责任编辑：郑叶琳　张焕强　　　　装帧设计：韩　飞
责任校对：李　爽

出版发行：化学工业出版社（北京市东城区青年湖南街13号　邮政编码100011）
印　　装：三河市双峰印刷装订有限公司
880mm×1230mm　1/32　印张6½　字数127千字
2021 年 3 月北京第 1 版 第 1 次印刷

购书咨询：010-64518888　　　　售后服务：010-64518899
网　　址：http://www.cip.com.cn
凡购买本书，如有缺损质量问题，本社销售中心负责调换。

定　　价：49.00 元　　　　　　　版权所有　违者必究

前　言

本书将阐述"如何产生新的想法"。

新的想法是如此重要，因而之前很多人提出了各种各样的思考方法。例如将零散的想法写到卡片上并重新组合，或者画出流程图、列出矩阵等等。

在制作物品、培育植物的时候，确实只要按照要求执行某些操作，就会取得一定的成果。之前人们提出的思考方法大多延伸了此观点，它们形成的基础是"只要按照一定的程序进行思考就能获得好的想法"。

但是，思考并非按照这样的固定程序来进行。

产生想法绝**不是**一件简单的事情，也并非"按照一定程序推进必定能产生好的想法"。

那么，思考这个行为是极少数拥有特殊能力的人的专属吗？是这些人的创造活动很神秘，他人无法窥见其中的深层含义吗？

绝非如此。实际上，读读之前完成了独创性工作或者产生了新想法的人们的故事，就会发现他们在如何思考上**出奇地一致**。

我们可以说，在如何思考上是有一定规律可循的。

了解这些规律，并按照规律去尝试，从而创造出有利于想法产生的环境和条件，这也是很有可能实现的事情。由此，大家都能产生新的想法，它也绝不是一部分人的专属。

那么，其中的规律是什么？

本书将首先阐明这个问题。

接着基于这些规律，我们将提出如何进行思考的具体意见。

例如，思考肯定**起始于模仿**，从这个意义上来强调大家都能够思考。接着又阐述了真正独创性的想法**起始于模仿，又不止于模仿**。

另外还强调了无论如何都要开始工作以及持续工作的重要性。工作时可能就会因某种契机触发新的想法。

我们再重申一次，从这个意义上来说，也不是只有极少数人能产生想法。只要具备适当的环境，使用恰当的工作方法，大家应该都可以产生想法。

随着信息技术的发展，特别是 AI（人工智能）的语音识别、**图像识别**技术的发展，推动想法产生的环境也发生了变化。这些技术的发展日新月异，现在只要一部智能手机，谁都可以使用这些技术。运用好的话，想法产生的效率会大幅提升。本书将就此提出几种具体方法。

想法在经济活动中的重要程度也越来越高。众多企业凭借新的想法确立了**新的商业模式**，它们正引领着世界的发展。

另一方面，AI 广泛参与到经济活动中，**计算机不仅代替人类**做一些常规性的工作，它还将逐步涉足一些所谓的脑力工作。在这样的世界中，人类的思考能力并非不再被需要，而是其重要性愈发提升。

但遗憾的是，在这方面日本企业不断落后于世界潮流。祈愿本书能为改变这种状况尽绵薄之力。

本书的目标读者包括想产生想法的所有人。不仅包括大学、研究机构中从事研究开发的人员，各位创作者、著作者，以及就职于企业策划部门的人员，还包括在任何岗位想获得新想法的所有人。

各个章节的概要如下。

第1章，明确"如何进行思考"的"思考法则"。人们进行思考时并非考虑一切可能的组合，而是在最初阶段根据直观判断排除那些无意义的组合。另外，虽然大多数想法看起来像灵光一闪，但在想法闪现前的"不断思考"非常重要。思考始于潜在的意识活动。

第2章，论述"如何产生想法"这一具体的方法论。科学研究的基本方法是将过去成功的模型运用于新问题，即"创造性抄袭行为"。在思考新的想法上，这个方法也非常有效。"模型"是将现实加以抽象，它在许多学科领域中起到基础性作用，因此在思考中非常重要。另外，孩子们通过游戏训练思维。

第3章，主题是**创造思考的环境以及工作的推进方法**。最重要的还是开始工作并持续工作，也就是恪尽职守。走路时得到启示的事情也时有发生。另外还必须创造使人能够专注的环境。

第4章，强调"为思考所进行的**对话以及讨论的重要性**"，头脑风暴非常有效。但是必须聚集高质量的参与人员。另外进行自由的讨论也很有必要。智者同聚一堂是进行思考的理想环境，在现实中实现这样的聚会极其不易。因此，可以边思考边主动读书，这是人人都能实现的与智者进行理想对话的方法。

第5章，阐述"AI时代的'超级'思考法"。使用AI的语音识别功能，现在可以用智能手机的语音输入做笔记。可以做任何记录，还能够创建可以瞬间导出的"超级"记事本。另外，使用检索数据库可以获得与头脑风暴相似的效果。制作自用数据库，比如新闻报道的标题，自己写过的文本数据库等，会提高效率。此外还可以创建新想法的数据库。

第6章，讲述"想法的敌人们"。这就是权威主义、权势主义，对异质事物或者新事物的同仇敌忾。臆想、自以为是等等，都是想法的敌人。也有人或因缺乏自信，或因满足于现状的小市民思想而使想法溜走。一些官僚机构被先入为主、形式主义、随大流等思想所毒害，且不允许失败，这是阻碍想法产生的最恶劣的环境。

第7章，批判"错误的思考方法"。按照一定程序推进思考的"指南式思考方法"存在着问题。它轻视基础知识的学习，试图只依靠指南进行思考，这是错误的。指南式思考方法也有发挥作用的时候，但很多时候是拾遗补阙。

第8章，我们将以上论述总结为"'超级'思考法的5条基本法则"。①没有模仿就没有创造。②指南式思考方法是辅助手段。③必须在头脑中装满必要知识。④与其拘泥于方法论，不如用心整顿环境。⑤需要是发明之母。

PHP研究所第二制作部商务科中村康教先生、宫胁崇广先生为本书的撰写及出版给予了极大帮助，在此谨表感谢。

野口悠纪雄

2019 年 8 月

目 录

序章

想法的价值在提升

●凭借新想法和新商业模式成长起来的 GAFA

想法的价值提升了。

产生卓越想法的公司不仅使自身事业得到了发展，还推动了经济的发展。

其中的代表是被称为 GAFA 的美国公司群体，它们就是谷歌（Google）、苹果（Apple）、脸书（Facebook）和亚马逊（Amazon）。这些公司现在已经成为引领美国经济发展的核心。

它们在 20 年前还是极小的公司。这些公司之所以快速成长起来，是因为它们提出了新的想法并建立了**新的商业模式**。

以谷歌为例，它开发出了非常好的搜索引擎并吸引到用户，但起初并没有找到将其转化为收益的方法。如果收费，用户将转移到其他搜索引擎。因此谷歌提供免费的搜索服务，但无法从中获得收益。

谷歌从搜索引擎中获得收益始于它开创了一种新型广告，称为"竞价排名"。同时创建各种机制确保它能够高效运行。

竞价排名需要的数据，可以通过搜索服务免费收集，只差想法：如何将其与有效广告联系起来。

脸书也是如此。通过 SNS 服务可以获取用户的详细个人数据，只要有将其与广告相链接的**想法**，就可以获得巨额的广告费收入。

只要有想法，即使不对工厂或经销处等设施进行特别投资，也可能会获得巨额收益。

在 GAFA 中，苹果和亚马逊是制造行业和流通行业，它们与谷歌和脸书的情况略有不同。

但在"想法发挥了重要作用"这一点上是相同的。

苹果公司创建了新的制造业商业模式：Fabless（无工厂）。它将制造过程委托给中国等国的公司，自己专门从事产品的开发和设计，由此实现了极高的收益率。

亚马逊建立了一种新的商业模式：在提高物流运输效率的同时，形成"使用买家数据，进行推荐（建议）"的机制。这与在实体店中销售的传统流通行业完全不同，它成功地处理了那些传统书店无法处理的冷门书籍。

要点

> GAFA 基于创意打造出新的商业模式而迅速成长起来，并已成为引领美国发展的公司集团。只要有想法，不需要任何特别投资也可以获得巨额收益。

● **想法愈发重要**

在传统经济活动中，想法或者创意也非常重要。

但是，**仅凭想法并不能获得巨额收益**。为了实现创意的潜在价值，必须新建工厂，增设销售点，雇用大量人员。

在现代社会中，这些并非完全不必要。但是，从以下意义上来说，物理性设施以及人员的重要性降低，恰恰彰显出想法的重要性提升了。

第一，发达国家的**制造业比重下降**。制造业绝对需要建造庞大的生产设施。很长一段时间以来，制造业是发达国家经济的中心产业。大约自 1990 年以后，中国和其他新兴国家的工业化不断发展，提供了廉价劳动力。因而很多以前在发达国家进行的制造业活动转移到了新兴国家。

于是，在发达国家，以制造业为代表的传统类型经济活动的价值相对下降。

此外，发达国家正在发展的不是制造业而是处理信息和数据的经济产业。上述的 GAFA 公司群体所进行的就是这种经济活动。

在涉及信息和数据的经济活动中，**无须像制造业和传统流通行业那样，建立大型工厂和销售设施**，它需要的是诸如服务器之类的设备。GAFA 公司正是基于这样的条件凭借创意发展起来的。

要点　　发达国家制造业的比重下降反而提升了想法的价值。

●利用信息或数据开展新经济活动

第二，随着新信息技术的发展，**利用信息或数据获得收益**的行为正得到进一步发展。

首先，数据用于 AI 的教育和培训，使得模式识别等技术成为可能，在以前这被认为是不可能的。这项技术用于汽车的自动驾驶，将极大地改变世界。

另一个用途称为"轮廓分析"，即通过使用大数据推测目标人物的性格特点。这可用于提高定向广告（与竞价排名一样，精准投放的广告）的性能，衡量信誉度；还可用于选举宣传中。

新想法发挥重要作用的例子不仅限于 GAFA。在整个经济活动中**先进服务业的重要性**也愈发提升。这种变化在美国尤为突出，日本也正在变化着。

有个被统称为"**师行业**"的领域，它指的是律师、注册会计师、税务师等。

在这些行业中，常规性工作将由 AI 代劳。例如，律师可参考审判案例；注册会计师或税务师可参考簿记事项。

不仅要处理给定的案例，而且要提出积极建议，这些业务才能实现自动化处理，这一点很重要。例如，律师会针对"如何设计不违规的金融商品？"给出建议。注册会计师或税务师，也被要求对新业务给出建议。

这可以被解释为**想法的重要性**提升了。也就是说，在这些工作中想法的价值提升了。

因此，随着信息技术的发展，想法越发重要。对所有业务人员而言，能否提出新想法是一个重要的课题。

有想法的公司和人将创造未来社会。在如此巨大的变化中，我们将如何工作，如何生活？这要求我们能够不断地提出新的想法。

在这样的时代变化背景下，本书将探讨促使新想法产生的机制。

要点

> 随着信息技术的发展，想法越发重要。AI 代替人类完成了以前被认为只有人才能做的工作，因此人的主要工作变为提出想法。

●在 AI 不断发展的世界中，人类的创造力价值不断提升

随着 AI 的发展，AI 将代替人类做那些常规性工作。例如，AI 理解人的声音后，将由 AI 代做呼叫中心的工作。汽车可以自动驾驶后，汽车相关环境将发生巨大变化。

在这样的世界中，人类唯一要做的工作可能就是提出新的想法了。换句话说，**想法变得更加重要**。

但是，不仅人类能够提出新想法。AI 已经可以代替人类做部分创造性工作，之前这些工作被认为只有人类可以做。

如第 5 章第 4 节所述，现在 AI 已经可以编写新闻，只须将数据提供给它。AI 还可以作曲、写电影剧本等等。

如今这种格局正在形成：创造未必由人类垄断。

那么，问题出现了：**AI 的创造力**是真正的创造力吗？它与人**类的创造力有何不同**？

AI 的创造力在于它实现了从各种组合中挖掘出具有潜力的组合这一过程。

我们在思考这些问题的时候，必须认清一点：人类本来是如何提出新想法的？

这正是本书要解决的问题。

本书将在第 1 章至第 3 章探讨这个问题。

人类的思考也是来源于各种各样的组合。"仅仅如此吗？"这是一个大问题。实际上，最为重要的是思考被某种直觉所引导着。

因此，如第 5 章第 4 节中所述，我们认为人类的创造力与 AI 的创造力有着本质的区别，而且在思考能力上 AI 不可能超越人类。

但是，我们并没有得出这个问题的最终答案。AI 的极速发展使得现在无法想象的事情可能会在将来成为现实。虽然现今 AI 创造力与人类创造力之间竞争的问题尚未解决，但是可以肯定的是，今后人类的创造力会越发重要。

要点

> 无论 AI 如何发展，都无法超越人类的创造力。
> 在 AI 不断发展的世界中，人类的创造活动愈发重要。

第 1 章

如何进行思考

想法产生于组合。组合在头脑中形成，或者说在头脑中进行组合更高效。我们将详细思考其中的含义。

1 不尝试无用组合

●让猴子敲打打字机键盘

物理学家乔治·伽莫夫在《从一到无穷大》一书中论述了"让猴子敲打打字机键盘写文章"的方法 ❶。

因为猴子是随意敲打键盘的，所以打出来的基本上都是无意义的句子。但是，其中也会偶然打出有意义的，偶然中的偶然还可能会打出莎士比亚的名句。

从理论上讲，如果猴子尝试所有的组合，并且不再重复相同的组合，在无穷长的时间之内猴子可以敲打出所有的句子。

这是因为一定长度的句子总数是**有限**的。其中包含迄今为止所有的名人名言，所有令人感动的句子，以及所有深邃的思想。

岂止如此，甚至还包含了人类未来将要写出来的句子。人类所能写出来的所有句子可能都包含在其中。假设站在"一切思想

---

❶ 伽莫夫是最初提出"宇宙大爆炸理论"的物理学家。这本书现在以《宇宙＝从一到无穷大》为题作为《乔治·伽莫夫集》（共4卷）中的一册出版（白扬社，1992年）。包括这本书在内的"伽莫夫物理学入门系列"是培养孩子们科学知识好奇心的最佳读物。

皆由句子表达"这个立场上的话，猴子敲打打字机键盘将能打出人类所有的思想。人类只须从中挑选出适当的思想即可。如此，人类就可以机械地处理"**想法**"了。

●可能的组合数量过于庞大

虽令人难以置信，但理论上确实如此。问题是组合的数量超级庞大。有多庞大呢？我们以俳句 ❶ 为例来计算。

为简化计算，我们去除浊音、促音等问题，只尝试 50 个音的组合。最终组合的总数是 50 的 17 次方个。这大概是 10 的 29 次方。相当于 1 亿的 1 亿倍，再 1 亿倍，再 10 万倍的数量。

假设人类打出这些俳句，检查其结果并从中挑选出美文。假定检查一句需要 1 秒钟，一天花 10 个小时做这个工作，一个人花费一年时间能够检查的俳句总数大约是 1300 万句。假定日本所有人都参与，一年能够检查出的结果大约是 1700 万亿个。

但是，即便以这个速度来工作，要检查完所有打出来的俳句大约需要花费 60 万亿年。据说宇宙自大爆炸起距今约 150 亿年。即使从宇宙诞生之初开始工作，到现在为止也仅仅是完成了四千分之一的检查。

可以说，猴子打出来的俳句**总数量庞大**到令人绝望的程度。当然，敲打出来的大部分是没有意义的文字组合，使用电脑可

---

❶　俳句，日本的一种诗歌形式。一首俳句有三句，首句五个音，中句七个音，末句五个音，共十七个音。——编者注

自动排除掉。但即使能够排除掉十分之九，情况也基本上没什么变化。

仅仅是 17 个字的俳句，可能的组合的总数就如此庞大，更不用说平常的句子了。**根本无法使用"尝试所有的组合"这种方法。**

要点

让猴子敲打打字机键盘，到某个时间能敲打出所有的句子。但是，可能的句子数量如此庞大，检查所有的句子是不可能的。

●排除无价值事物的直观判断能力

那么，实际的创作活动与猴子敲打打字机有何不同呢？

不同在于，在创作活动中**不是机械性地检查所有组合，而是在最初阶段排除那些无价值组合。**即，在实际的创作活动中，虽说是"尝试各种组合"，但也仅仅是尝试非常非常有限范围内的组合。大多数可能的组合未经尝试就已被舍弃掉。

也就是说，人类大脑拥有排除无价值事物的能力。或者说人类在尝试具体组合之前，已经做出判断：这样的组合能够进展顺利。这些判断是在工作进行之前做出来的，因此**不得不说它是"直观性"的判断。**

●事前的判断能力

文学作品的作者肯定在开始动笔之前就已做出了"这个题目能写"的判断。

其他的脑力工作也是如此。例如，一个数学能力较强的学生在解数学题时，会做出"这个方法可能能解答出来"，抑或做出"这个方法不行"的直观判断。这些判断在具体计算之前的阶段早已完成。诸如该着眼于哪个变量，哪些项该加在一起，在公式演算前已对这些做出判断。又或者将某个公式展开到某种程度时，判断出展开方向错误。

对研究者来说，这种"事前的判断能力"是最为重要的能力。在选择研究题目时，能够做出诸如"这个问题有挑战的价值"，抑或"这个题目即使研究了也很难取得重大成果"之类的直观判断，是非常重要的。

这样的判断对经营者来说也至关重要。在决定开始新事业或新投资时，很多时候肯定不是——比较思考一切可能的选择，而是要依靠直觉做出判断。

要点

人类大脑拥有排除无意义组合的能力。在一切脑力活动中，"不经尝试直接舍弃掉无用事物"的直观判断能力最为重要。

●发明即选择：彭加勒的论断

昂利·彭加勒

上面所论述的内容，在法国数学家**彭加勒**的著作《*科学与方法*》❶一书中有明确说明。稍微有点长，我们引用其中一部分。

组合的数量是无限的，其中大多数毫无意义。发明就是不做无用的组合，而做有用的组合。有用的组合数量极少。发明就是辨认、选择。

（中间省略）

我说过发明就是选择。但是，选择这个词可能也不完全正确。它让人联想到采购员，从数量众多的货物中进行一一检查和挑选。对发明而言，其样本数量极其庞大，耗费一生也不可能检查完。但现实情况并非如此。即无价值的组合甚至不会出现在发明者的精神世界中。在他的意识世界中出现的只有真正有用

❶ 昂利·彭加勒（吉田洋一译），《改译：科学与方法》，岩波文库，1953 年。（中文版名为《科学与方法》，昂利·彭加勒著，李醒民译，商务印书馆。2006 年。——译者注）

的组合，以及看似具有某些有用组合特质的组合（之后会被舍弃）。如同复试官只面试初试合格的考生一样，将发明者视为复试官准确无误。

（中间省略）

（发明）不是简单地运用规则的问题，也不是按照某一固定规则尽可能多地进行组合的问题。若如此这般得到的组合数量将异常庞大，只会徒劳无果，令人烦恼。发明者的真正工作是进行选择，排除那些无意义的组合，或者不在组合上花费工夫。而且指导选择的规则极其微妙，几乎无法恰当地表述出来。它只可意会不可言传。在这些情形下，如何设想出能够机械地使用这种规则的筛子呢？

在这里彭加勒指出"从一开始就不尝试无用组合"，这一点非常重要。因为它与"如何推进思考行为"这一实际问题息息相关，意义重大。

特别重要的是它能够判断出机械性思考方法（诸如尝试组合卡片或根据指南逐一检查可能性等）是否有效。从"无用的东西无须尝试直接舍弃"这个角度来看的话，不得不说这些方法是无效的。对此将在第 7 章中再做论述。

要点

　　无用的组合不会出现在有才能的发明者的意识中。出现在意识中的只有那些真正有用的组合及其候选对象。

2 用审美的眼光选择

●用审美感选择

如何从众多组合中挑选出有用的组合？**彭加勒**在刚才的引用中说道："规则极其微妙，无法用恰当的语言表述出来。"后来他称其为"审美感"（如下）：

（从可能的组合之中挑选出来）能够成为意识的现象，直接或间接地强烈影响着我们的情感。乍一看数学证明似乎只与理性相关，用它例证情感可能会让人大为吃惊。这是因为他们忘记了数学的优美感、数字与形式的和谐美、几何学的典雅美。这是所有真正的数学家都知晓的真正的审美感，它实际上归属于情感。

除彭加勒之外，许多数学家也指出"美感"或"情感"在数学中起着非常重要的作用。例如，法国数学家**雅克·阿达玛**在他关于发明的经典著作——《数学领域中的发明心理学》❶ 一书中写道：

我们与彭加勒一样，也认为美感是实现发明不可或缺的手段。这样我们得到以下两个结论：发明是选择，它又受控于科学的美感。

---

❶ 雅克·阿达玛（伏见康治、尾崎辰之助、大塚益比古译），《数学领域中的发明心理学》，美铃书房，1990 年。（中文版名为《数学领域中的发明心理学》，雅克·阿达玛著，陈植荫、肖奚安译，大连理工大学出版社，2008 年。——译者注）

雅克·阿达玛

英国数学家**彭罗斯**也做出了如下阐述❶：

在我们形成判断的过程中审美标准极其重要。（中间省略）对瞬间灵感正确性的强大信任与审美性质密切相关。相比于丑陋的思想，美的思想成为正确思想的机会要大得多。

（中间省略）

审美标准的重要性不仅在于它适用于灵光闪现时的瞬间判断，还在于我们从事数学（或者科学）研究（频繁做出判断）时经常使用它，这是不言而喻的。严格的论证通常是最后一步。在此之前我们必须做出许多推测，这个时候审美标准非常重要。

彭罗斯还介绍了一段逸闻，物理学家**狄拉克**平静地说："凭借敏锐的审美感，我得以找到其他人拼命寻找的电子方程式。"

---

❶　罗杰·彭罗斯（林一译），《皇帝新脑：有关电脑、人脑及物理定律》，美铃书房，1994 年。（中文版名为《皇帝新脑：有关电脑、人脑及物理定律》，罗杰·彭罗斯著，许明贤、吴忠超译，湖南科学技术出版社，1995 年。——译者注）

审美感不仅在数学和物理学中起着重要作用，它对于一般研究人员以及经理、企划负责人来说也是一种重要的感觉。正是审美感引导他们做出直观判断。

罗杰·彭罗斯

保罗·狄拉克

要点

从数量庞大的组合中挑选出有用的组合依靠的是审美感。

●成功记忆产生的直观判断能力

那么，审美感是如何形成的呢？彭加勒、阿达玛和彭罗斯都没有对此做出明确说明。这个问题本应该由大脑生理学和心理学的专家来回答吧。[1] 我不是这个领域的专家，也没有

---

[1] 但是，当前的脑生理学似乎并未发展到能够显示可靠且具体的技巧。因此，依据经验判断出"可能这个方法是对的"实际上尤为重要。

信心回答。但是根据经验，我认为它是靠"**成功的记忆**"形成的。

　　某个试验如果是成功的，当时的各种**要素**会被**记住**。然后人们从多种经验中提取共同要素，并在大脑中形成一定的思维回路。我们可以将这种思维回路视为"**审美感**"或者"**情感**"。

　　"**向成功的经验学习**"是一种合理的方法，因为成功的方法很可能在反复尝试中产生相同的结果。生物在漫长的进化过程中掌握了这种感觉（但是在客观条件发生变化时，过去成功的记忆可能会阻碍进步）。

　　这一假说与各种实际观察到的事实相匹配。例如，据说在幼儿教育中"**称赞**"非常重要。当孩子受到称赞时，他知道他的尝试是成功的，并记住了它。反之，不能识别成功的孩子就不能积累成功的记忆，因此也就无法形成记忆回路。无休止地责骂孩子只会给孩子留下失败的记忆，使他们长大后也只会消极地逃避失败。

要点　　审美感是由成功的记忆形成的。

3　在不断思考中发现

●因偶然机遇产生的伟大发现

　　上文概述了发现的机制，概括起来就是"从数量极其庞大的组合中凭借审美感挑选出有用的组合"。但是，仅凭这一点不可能具体指导实际思考。因此，让我们再仔细研究一下发现是如何产生的。

在科学史上许多备受瞩目的伟大发现都是**偶然**产生的。

其中典型的例子是**阿基米德发现浮力**。他在浴缸里洗澡的时候，发现热水从浴缸中溢出来，同时感觉到自己身体变轻了，由此发现了浮力原理。他跳出浴缸，赤身裸体地奔跑在锡拉库扎市的街道上，并呼喊着："尤里卡！"这一幕记录在了历史中❶。这是"恰巧洗澡"引发的发现。

阿基米德

艾萨克·牛顿

偶然产生的伟大发现还有众所周知的**牛顿万有引力**。剑桥大学因鼠疫封闭时，住在故乡林肯郡伍尔索普的牛顿，在院子里偶

---

❶　他找到了在不破坏王冠的情况下测量其黄金含量的方法。另外，在古希腊裸体运动非常普遍，因此男人赤身裸体也不稀奇。艾萨克·阿西莫夫（星新一编译），《阿西莫夫短篇小说集》，新潮文库，1986 年。

然看到苹果从树上掉下来，而发现了所有物体均被地球吸引的万有引力定律（见本小节"最后的魔术师牛顿"部分）。

彭加勒也分享了他自己的一些发现经验。同样，他的重大发现也是出于偶然。他当时正在从事某种函数的研究，但未得出任何结果。有一天出门旅行，由于杂事而忘记了数学，出去散步坐公共马车的时候，在脚踩上踏板的一刹那，没有做任何准备，一个想法涌上心头："定义这个函数的变换等价于非欧几何学的变换。"他还讲述道，另外一天他在悬崖旁散步时，另外一个想法又浮现在心头，"它具有同样的简洁、突然和即时确定的特征"。❶

彭罗斯也讲过类似的经历。他在伦敦过人行横道时，与同事交谈停止的瞬间，产生了想法。当时很快忘记了，晚上回家后又想起来，由此证明了之前很长时间一直在探究的定理。

德国化学家**凯库尔**的发现也与此类似。当时他在为确定有机化合物的结构式而苦心钻研。有次在马车中打盹，他梦见六个孩子手拉着手跳舞。受到启发后，他从之前的线性化合物常识中脱离出来，设想了环状结构"苯环"。

以上例子的共同点在于这样一个事实："**在百思不得其解时，碰到了偶然事件**，催生出了**伟大的想法和伟大的发现**。"

那么，这些事实意味着什么呢？这是否意味着"新想法的发现受控于偶然"呢？是否意味着想法或者灵感未经预告从天而降

---

❶　作为数学门外汉的我无法准确评估出此想法的重要价值。彭罗斯说："这是一件了不起的事情，它涵盖了数学思维的广阔领域。"

呢？若如此，我们将无法从过去的伟大发现和发明经验中学到东西。因为偶然是无法学习的。

但事实并非如此。这些例子说明，伟大的发现受控于必定的法则。下面我们将对此进行论述。

要点

> 科学史上的许多重大发现产生于偶然。这意味着什么呢？

最后的魔术师牛顿

牛顿的苹果故事好像是虚构的，其实这是真实的。据说牛顿本人曾将此事告诉过一位名叫斯塔基的学者。

当时，牛顿是一名23岁的学生，他在同年提出了微积分，发现了光谱，并开始研究运动定律。可以说这一年（1666 年）是"惊人的一年"。

第二年，牛顿再次回到林肯郡，在花园里沉思时看见了月亮。他自问道："月球也有万有引力吗？"并进行了计算。但结果是月球并未进入轨道中，万有引力理论失败了。牛顿又陷入苦苦思索：月球在涡旋中运动，除重力之外涡旋的力量可能也起着作用……❶

---

❶ 默里·盖尔曼（野本阳代译），《夸克和美洲豹》，草思社，1997 年。

　　计算结果之所以与理论不符，是因为地球大小的数值不正确。而在很久之后人们才明白这一点，认可万有引力理论。

约翰·梅纳德·凯恩斯

　　1936 年，盛满牛顿手稿的箱子被拍卖。经济学家凯恩斯竞拍，让他惊讶的是箱子里是一个关于**炼金术**的巨大笔记本。凯恩斯的名言"牛顿不是理性时代第一人，他是最后一位魔法师"即诞生于此。

●发现诞生于"不断思考"

　　对于重大发现为何源于偶然这一问题，**牛顿**做出了明确的回答。当被问及"您是如何发现万有引力定律的"时，他回答道："因为我一直在思考。"[1]

　　换句话说，他在不断地思索这个问题，距离解决问题仅一步之遥。这个时候恰巧看到苹果掉下来，引发了巨大的发现。并不是看到苹果掉下来之后，他才开始思考引力概念。因此，不必非得是苹果，东西从货架上掉下来也会引发他同样的发现。

　　实际上，在牛顿之前，人类历史上有数不尽的人看到过苹果从树上掉下来。但是他们当中没有人想到万有引力定律。仅牛顿做到了。这是因为只有牛顿在接近发现的周边苦苦思索。

　　阿基米德也是如此。在阿基米德之前，也有很多人洗澡的时候看到水溢出了。但是他们并没有发现浮力的原理。彭加勒、彭罗斯和凯库尔的情况皆是如此。重要的不是触发想法的因素，而是他们"一直在思考"。

　　经常会听到诸如"莫扎特的音乐可以帮助思考"之类的说法。如果是这样的话，应该从乐团成员中涌现出大量的伟大发明，但我没有听说过。

　　莫扎特的音乐本身不是原材料，而是在思考进行时，莫扎特的音乐带来的环境变化激发出人们的想法。

要点　　不断地思考某一问题，而使偶然事件触发重大发现。

---

　　❶　雅克·阿达玛（伏见康治、尾崎辰之助、大塚益比古译），《数学领域中的发明心理学》，美铃书房，1990年。

●所求故所得

虽不是牛顿或阿基米德那样的重大发现，我自己也有过很多类似的经历。

例如，写文章的时候，有时会找不到合适的表达方式或词语，碰巧在读到的书刊、报纸中发现有**相符的表达**。或者从读到的内容中联想出了合适的表达。

书刊、报纸中出现的表达是我"**碰巧发现**"的。它们出现在我面前也是偶然的。但是，正是因为我在**寻找**恰当的表达方式，才对书中的某处有所反应。其他还有很多人读过同样的文章，他们只是粗略读过而已。反之，可能也有人从我错过的事情当中获得了重大的发现。

还有其他类似的经历。例如，最好给出具体例子来解释抽象概念，但有时找不到恰当的例子。这时候，行走在大街上从映入眼帘的事物中可能会突然觉得"就是它"。也正是因为在寻找示例，才有所发现。因为思考，大脑提高了吸收周围信息的能力，因此能抓住偶然机会。

触发点是**偶然**的，无法控制的。重要的是等待的**态度**。只要有这样的态度，触发点不必是特定的事物，其他任何事物皆可。触发点本身并不是那么重要。

当**路易斯·巴斯德**被问道"运气在您的发现中起到何种作用"时，

路易斯·巴斯德

他回答道："机遇偏爱有准备的头脑。"❶《科学与创造》一书的作者——美国记者霍拉斯·贾德森在分析了**伦琴**发现 X 射线以及**弗莱明**等人发现青霉素的经过后，得出的结论是"**偶然喜欢有准备的实验室**"❷。**托斯登·威塞尔**（1981 年诺贝尔医学或生理学奖获得者）指出："储备知识才能抓住机会，否则只会让机会溜掉。"❸

威廉·康拉德·伦琴

亚历山大·弗莱明

想法出现的条件是"**不断思考**"。不思考，发现和想法不可能从天而降。"正在思考"才能触发想法。这是一个非常简单的回答，简单到令人难以置信，但这才是"思考"机制的本质。

---

❶ 艾拉·弗莱托（西尾操子译），《哦，发明了它！》，ASCII 出版局，1998 年。

❷ 三浦贤一，《诺贝尔奖的思考》，朝日选书 279 期，朝日新闻社，1985 年。

❸ 三浦贤一，《诺贝尔奖的思考》，朝日选书 279 期，朝日新闻社，1985 年。

要点

> 不断地思考，会提高大脑吸收周围信息的能力，从而抓住机会。想法产生的条件是不断思考。

4　潜在的意识活动

●潜在活动的重要性

发现思维大部分在**潜意识**中进行。**彭加勒**就数学发现中此过程所起的重要作用，阐述如下：

确凿事实是，如若突然从天而降的思想灵感源于之前长时间的无意识活动。我认为这种无意识工作对数学发明所做出的重大贡献是无可争议的。

潜意识工作做了什么？ 它尝试了各种组合，并从中提取了有用的组合。彭加勒说："潜在的自我在短时间内做出各种组合，这是有意识的自我花费一生都无法囊括的。"从这个意义上说，无意识工作比有意识工作更为高效。

但是，他又提醒道："**这种无意识工作只有在以下情形才能成立：一方面有意识的工作在它之前，另一方面又尾随其后。若非如此就绝不会有效果。**"也就是说，无意识工作不能独立存在，有意识的工作必须存在于它的周围。

最初的有意识的工作是触发无意识工作所必需的。彭加勒说道：

若非经历那些看似乱七八糟、漫无目的的日复一日，灵感绝不会突然闪现。因此努力并非像人们认为的那样毫无成效，它能驱动无意识机器去工作；若非如此，机器不会运转，也必定不会生产出任何东西。

彭加勒还指出：

在灵感显现之后，之所以还需要有意识的工作，（中间省略）是要推导出直接结论，并进行整理，依次写下证明。

卡尔·希尔蒂

除了彭加勒，还有许多理论家也指出无意识过程的重要性。阿达玛在《数学领域中的发明心理学》一书中用超过三分之一的篇幅来分析这一过程。卡尔·希尔蒂也说："工作只要开始，不知不觉中就会得到推进。"❶ 立花隆也说，在输入（收集信息）和输出（书写）之间，工作在大脑无意识中得到推进，这叫作黑匣子。

---

❶ 请参阅本书的第 3 章第 2 节。

也就是"等待头脑发酵"❶。外山滋比古将同样的事情描述为"让它沉睡"。❷

有件更简单的无意识工作，可能大家都经历过。例如，提起某个人的名字却怎么也想不起来了，但过一会儿又突然想起来了。这期间，无意识中进行了搜寻记忆行为。

第 7 章中所讨论的**指南式思考方法无效**，其原因之一就是它没有正确运用这种无意识行为。

> 　　无意识工作产生于有意识的工作之后。结果显示为"启示"。

●前室

那么，无意识工作发生在"**哪里**"呢？

阿达玛问自己："当我讲出一句话的时候，下一句话在哪儿？"并回答如下：

　　我的意识被第一句话所占据，所以很确定不在意识那里。但是，我在思考它，为下一个瞬间的出场做好准备。如果在无意识当中不对它加以思考的话它是不可能出现的。但是，这时候相关的无意识位置极为靠近表层，极为接近意识，之后它能马上转化为意识。

弗朗西斯·高尔顿认为"无意识存在于表层，在非常接近意识的地方"，并将其表述为"**前室**"。我们内心有一个"**接见室**"，

---

❶　立花隆，《"知识"软件》，讲谈社现代新书，1984 年。
❷　外山滋比古，《思考的整理术》，筑摩文库 410 期，筑摩书房，1986 年。

在这里通过完全意识看到无数的思想。紧靠它的外层是意识波及不到的"前室",其中存在许多思想。大脑随时可以从中召唤出离"前室"最接近的或者是最方便的思想。❶

我本人也有**明确地感觉到**"前室"存在的时候。那就是说英语的时候。有时候会意识到自己正在寻找稍后会话中出现的关键词"用英语怎么说"。

意识("接见室")正专注于当前谈论的内容,无意识见缝插针地发出疑问:"找到了吗?"为响应它,我似乎感觉到"前室"中正在搜索单词。这期间实际会话仍在继续。最后到该使用该关键词的地方,有时单词会被完美地引入到"接见室"中,有时会搜索失败记不起来该怎么说。我以前就认为这种心理状态很奇怪,正在考虑的却是之后要谈论的内容。读了阿达玛的书之后才知道不只我一人有这种心理。

要点

　　似乎无意识工作是在非常接近意识的"前室"中进行。

5 发现的模型

●德国阿斯彭会议

理论物理学家默里·盖尔曼于 1970 年左右召集了科学家、画

---

❶ 在阿达玛的书中有此解释。此外,心理学家华莱士将基本上同样的事情表达为"意识边缘"。

家和诗人，在美国科罗拉多州阿斯彭组织了一场关于"构思创意体验"的研讨会。讨论结果表明，参与者的经历可以描述为以下三个阶段。

第一，我们花了数天、数周和数月的时间不断地思考我们无法解决的问题，并企图解决这些问题。第二，到达的阶段是：虽有意识地苦苦思考问题，但仍无任何进展。第三，骑自行车的时候，刮胡子的时候，做饭的时候，或者像我一样在失言的时候，突然间闪现出一个重要的想法。我们走出了死胡同。

我们深切地感受到大家的情况非常类似。之后人们才知道这些关于创造性行为的见解并不那么新鲜。19 世纪末伟大的生理学家和物理学家**赫尔曼·冯·亥姆霍兹**将构思阶段描述为**沉浸期、潜伏期和启示期**三个阶段。这与一个世纪后我们小组在阿斯彭讨论的内容完全一致。❶

我们从已经阐述过的内容可以很明显地看出，这与**彭加勒**所描述的内容也一致。

要点　　想法孕育的过程分为沉浸期、潜伏期和启示期三个阶段。

---

❶　默里·盖尔曼（野本阳代译），《夸克和美洲豹》，草思社，1997 年。

默里·盖尔曼　　　　　　赫尔曼·冯·亥姆霍兹

上面提及的"失言"指的是盖尔曼在讲稿中将本应是 5/2 的粒子峰值说成了是 1。但实际上这个错误是正确的,这样才能解释基本粒子的衰变。

亥姆霍兹在 1896 年的一次演讲中阐述了这个观点。心理学家格雷厄姆·华莱士于 1926 年也撰写了同样观点的文章,这成为心理学相关领域的规范。在阿达玛的书中描述了亥姆霍兹和华莱士的观点。

● **"发现"的模型**

概括上述内容,可以将**彭加勒**也就是**亥姆霍兹**的**"发现模型"**描述如下。

(1)沉浸期或准备期

首先,具备**有意识的工作(A)**。用第 8 章所述的"第 3 条法则"中的词来表达，就是"**学习期**"。这是读书或者计算的过程。
然后为寻找答案而努力。

（2）潜伏期或酝酿期

有意识的工作（A）触发无意识中的潜在工作（B）。此过程
出现在各种情况下，诸如睡觉的时候，在做其他工作的时候，或
者是散步、吃饭的时候。在潜意识中**尝试各种组合**，从中仅挑选
出那些有意义的组合。然后人们依靠"情感或审美感"来进行选择。

第8章中的"第1条法则""第2条法则"描述的就是这个过程。
第7章中我们批判指南式思考方法的理由在于它们没有将这个过
程当成有意识的工作来进行。但是，我们并没有全面否认这一过
程（B）是有意识地进行的。

如第8章"第4条法则"所述，我们可以将其理解为主要是"**环
境**"推进了这一过程。

（3）启示期

在潜意识中做出的选择是以何种契机浮现到意识中去的（C）。
这就是 "**对发现者的启示**"。"契机"因人而异。对**牛顿**来说是
一个"苹果"，对**阿基米德**来说是一个"浴缸"。

基于此模型，我们可以创造出帮助思考的环境。具体方法将
在第3章和第4章中进行介绍。

（4）验证和完成

彭加勒强调之后还有第四个阶段——"**验证阶段**"（D）。它
用于验证和完成结果。写文章的时候，它就是整理逻辑结构，寻
求恰当表达方式并加以推敲的过程。

牛顿、阿基米德、彭加勒以及凯库尔的例子均可通过上述模型进行解释。实际上，几乎所有的科学发现都可以用这种模型来解释。

 要点　可以用沉浸期、潜伏期和启示期的模型来解释发现活动。

● 天才们的活跃期

天才的精神活动未必会稳定地维持一生。

以**歌德**为例，他每七年重复一次**高峰时段**。❶ 现在他所留下来的作品均是在高峰时段完成的。在高峰时段，他曾热烈地追求过数位女士，但之后变得冷漠起来，创作欲望也消退了。被称为《少年维特之烦恼》中绿蒂的人物原型——夏洛特·布夫，据说几年后访问歌德时也被他冷眼相待。

牛顿在"惊人的一年"之后，很长时间未获得引人关注的成绩。第二个高峰时段是在他四十多岁的时候，完成了现代科学的奠基作品——《自然哲学的数学原理》。之后他受聘为铸币局局长，为英国金本位制的确立奠定了基础。但在"南海泡沫"期间，他由于股票投机而蒙受巨大损失。他还曾经是议会下院议员，作为他的议会发言被记录的仅有"议长，请打开窗户"。❷

---

❶　恩斯特·克雷奇默尔（内村祐之译），《天才人物的心理学分析》，岩波文库，1982 年。

❷　艾萨克·阿西莫夫（星新一编译），《阿西莫夫短篇小说集》，新潮文库，1986 年。

约翰·沃尔夫冈·冯·歌德　　　　　鲁热·德·利尔

1792 年的一天，斯特拉斯堡要塞驻军上校鲁热·德·利尔应市长的要求，通宵达旦写下了《陆军军歌》。这首歌很快就被人们遗忘了。但几个月后，它突然在马赛的志愿兵欢送会上传播开来。进军巴黎后，又传播到整个法国。这就是法国国歌《马赛曲》。但是，利尔除此之外没有其他作品，很长一段时间人们都没有认可他是法国国歌的作词兼作曲。❶

---

❶ 斯蒂芬·茨威格（片山敏彦译），"一夜天才"，《人类群星闪耀时》美铃书房，1972 年。

第1章小结

1. 在创造性活动中，人们并非逐一选择考虑所有可能的组合，而是**从最初阶段排除无意义的组合**。控制这一判断的可以说是"**直觉**"，也可以说是"**审美感**"。

2. 许多重要的科学发现似乎是偶然所得。但是更为重要的是在此之前发现者"**不断思考**"。它触发了潜意识活动，使想法在这里产生。因此，可以将发现过程分为**沉浸期、潜伏期**和**启示期**来理解。

思考能力训练 1

改变通勤路线

"恪尽职守"，不断地思考，是产生想法的必要条件。话虽如此，但实践起来并不容易。

因此，如同运动员每天做训练一样，让我们一起来进行日常的**思考能力训练**吧。请一定执行！

首先，让我们从明天开始稍微更改一下上班、上学的路线。稍微更改一下从家到车站、从车站到工作单位或者学校的路线。

当然，当前路线可能是经过反复试验后选择的最短路线。但哪怕是绕路，走一下不同的路线可能会有所发现。如果电车或者公交车可以走其他路线的话，哪怕是一天，请尝试一下不同的路线，也可以提前一站下车。如果是开车上下班，肯定有许多其他可能的路线可选择。或者尝试骑自行车代替开车。

新路径可能很耗时也并不合适，仅改变路线也并不意味着想法立马会出现。但是，仅是思考不同的路线也是打破"日常惯例"的机会。它可能会提供一些启示，帮助我们产生新想法。至少它会刺激、激活大脑中沉睡的那部分。

第 2 章

如何产生想法

在第 1 章中，我们阐述了思考的基本机制。那么，实际中怎样做才能产生想法呢？在第 2 章中，我们将思考其具体方法。

数学和物理学等科学研究中是如何进行思考的？我们从中可以学到什么？在本章中，我们将探究**科学思考方法**的本质。

1 已学习过思考方法

●在学校课程或者游戏中学习过思考方法

很多人认为"'思考方法'是一种特殊的方法，只有学习它才能提高思考能力"。这种想法是错误的。因为我们**在学校课程中已经学习过思考方法**（或思维方式）的基础知识了。

例如**数学课**。数学是发现未知答案的过程，它所使用的方法许多都与产生新想法密切相关。**物理学**研究是探求解释物理现象的新理论，也是一个发现的过程。

实际上，我们不仅可以在学校里学习思考方法，通过**游戏**也能习得发现的过程（不自觉中）。这将在本章第 6 节中进行详细介绍。

顺便提一点，无论是在数学还是物理学中，我们学习的是具体问题的解决方法，而非只抓取思考方法进行学习。游戏也是如此，它也是针对手头具体问题进行思考。

我们很难想出一个独立于具体对象的**"通用思考方法"**。必须针对实际问题来训练判断 "哪种方法适用于哪个问题"。

在本章中，我们将回顾大家已经学过的"思考方法"。

大多数人应该都学过数学，可能有些人忘记了或者是讨厌它。也有些人可能没有学过物理学。请此类人员仔细阅读本章内容。

　　我们已经在学校的数学等课程中学习过思考方法。另外，通过游戏也能掌握发现的过程。

●做到不自觉地使用才有用

请大家注意：在思考具体问题时，如果一一回忆规则，想"先用这种方法吧，不行的话再用 ×× 方法"也是无用的。必须养成使用有效方式进行思考的习惯，并能做到**在不自觉中使用**。这一点将关系到以下内容。

游泳时，最初是有意识地活动四肢，但慢慢习惯后四肢会不自觉地动起来。只有到达这个阶段才能游得轻松自如。思考的方法也是如此。只有养成习惯并在不知不觉中使用才可以。

这是因为人类的能力有限，无法同时专注于几件事情。若专注于方法论，注意力则会从重要的对象身上转移开来。

　　思考方法只有做到在不自觉中使用才有用。

2 请创造性地模仿

●没有模仿就没有创造

解决**数学**问题时最常用(也是最有效)的方法是,思考比对"这个问题与已解出来的哪类问题同类"❶。

显然,这种方法对解答课堂上的数学问题是适用的。任何问题都可以还原为基本形式的变形或多种基本形式的组合。因此,只要知道与哪种类型相匹配,就可以解答出来。

至少这种方法可以解决所有的**考试问题**。仔细想一下这是理所当然的。在一两个小时有限的考试时间内,无法要求考生找到完全独创的方法。

中考中的算术问题对数学专家来说也很棘手,但考生却能顺利地解答出来,这让大人们大为吃惊。小学生能解答出来是因为他们记住了问题的类型,加以匹配即可,并不是他们想出了完全独创的解决方法。

因此,要想提高数学成绩,最可靠的方法就是**抛弃"数学是独创"**的臆想。而且,"数学是套用固定模型",从这层含义上说它又不同于"**背诵**"。完成这一思维转变后数学成绩肯定会提高。反之,若固执于"必须用自己创建的方法求解"的话,数学成绩就不会好。

---

❶ 野口悠纪雄,《"超级"学习方法》,讲谈社,1995 年。

这个建议听起来好像很矛盾。或许有人会反驳说："这是'分数迷'的阴险手段。"但事实就是如此。

实际上很多人深信"数学必须自己创建解答方法"，因而付出了一些不必要的辛苦。抑或认为"数学很难"而避而远之。数学老师最主要的任务就是让学生摆脱这种观点的束缚。

与数学一样，匹配过去成功的模型是最有效的思考方法。但是，如同批判数学中使用这种方法一样，很多人会批判它——"套用模型会使思维固化，思考不自由就无法实现创造"。

但是，正如第 1 章所强调的那样，思考并非无中生有，而是重新排列已有的想法。基本上不存在从头开始的创造，**"没有模仿就没有创造"**。

要点

> 可以通过套用已解答过的问题模型来解答数学问题。对思考而言，这也是最有效的方法。

●创造性抄袭行为很重要

物理学的方法论也基本相同，即"对已有观点的再利用"。例如，氢原子的经典模型是电子围绕质子转。这是借用了月球围绕地球转的模型。该模型很好地解释了氢原子的各种行为，当然相互间的作用不再是重力作用，而是电磁作用。

劳伦斯·克劳斯表示："本世纪的大多数重要（物理学）革命不是抛弃旧观念，而是想办法与旧观念**相调和**发生的。"

劳伦斯·克劳斯　　　　　　　　　阿尔伯特·爱因斯坦

他还举例说，**爱因斯坦相对论**的创立就是基于尽可能保持之前的物理学状况。❶ 他为了平衡**伽利略的相对论原理**（任何两个以恒定速度移动的观察者之间的物理法则相同）和**麦克斯韦理论**（对任何观察者来说电磁波的传播速度相同），不得不提出时间和距离是变化的这一观点。

彼得·米切尔于 1978 年获得诺贝尔化学奖，他反对学术界的正统观念，提出了被称为"孤独的反叛"的独创理论。他说："每个人都站在其他人的肩膀上。（中间省略）所以过分主张原创性是错误的。（中间省略）想在无人涉及的领域做出哪怕一丁点儿的成就都是不可能的。我不认为有这类创意。"❷

他还讲到"年轻的研究人员应关注那些微小的变革"。

---

❶ 劳伦斯·克劳斯（青木薰译），《物理学的超级思考方法》，讲谈社，1996 年。

❷ 三浦贤一，《诺贝尔奖的思考》，朝日选书 279 期，朝日新闻社，1985 年。

伽利略·伽利雷　　　　　　詹姆斯·克拉克·麦克斯韦

"抄袭已有观点并物尽其用。" "用已解决的旧问题改造新问题。"克劳斯断言这才是延续到现代物理学前沿的物理学基本方法论，并阐述如下：

有的人可能坚信：在新发现中发挥中心作用的是完全新颖的观点。但是事实恰恰相反，旧观点生生不息，依然硕果累累。

（中间省略）

对旧观点的改造是如此成功，以至于物理学家终于开始期望它了。新观点也偶尔会出现，但是它们只不过是从已有的知识框架中被迫地破茧而出。正是这种**创造性抄袭行为**（creative plagiarism）使理解物理学成为可能。

要点　　物理学的基本方法是"用已解决的旧问题来改造新问题"。

●寻找有光的地方

克劳斯进一步拓展他的观点，他说：

"当你发现你在漆黑的夜路上丢失了车钥匙，这时你会去哪里寻找？"

物理学家对此的回答是"在附近的路灯下寻找"。先不管钥匙是不是在那里丢的，因为只有那个地方能看到东西。

乍一看这个答案似乎很无厘头。但是仔细思考一下却很有道理。如同"对于一个只有一把锤子的人来说，任何问题看起来都很像钉子"一样，克劳斯根据"寻找有光的地方"这一原则，介绍了许多使用已知工具获解的物理问题。他阐述道：

在物理学中，有用的想法比新想法有价值。因此，对过去有用的概念、公式、技术和"图像"要做到信手拈来，并将它们应用到堆积如山的新情况中去。

即"做到物尽其用。成功之后再如法炮制"。

要点

如果在漆黑的夜路上丢失车钥匙，在附近的路灯下寻找是最合理的选择。使用旧方法解决新问题。

●脱离模仿

如上所述，在通常需要创造性思维的数学和物理学中，"没有模仿就没有创造"的原则也是正确的。

但是，为了避免造成误解，请记住以下两点。

第一，我们上面所说的是"**模仿成功的方法**"，并不是模仿什么都可以，不要弄错了模仿的对象。例如，飞机放弃了模仿鸟类才得以成功（见本节"放弃模仿而成功的飞机"部分）。模仿鸟类不是制造飞行器的正确选择。

第二，"没有模仿就没有创造"是指"**模仿是创造的起点**"。显然止步于模仿是不会有进步的。在第 6 章第 1 节中，我们强调必须牢记《论语》的教导，注意学习先例和权威主义如一纸之隔。在这里道理也是一样。

确实，"只套用模型会使思维固化"这一批判中包含着一定的道理。通过套用固定模型可以解决许多问题，但束缚于现有模型将无法自由地思考，因而这种方法始终具有局限性。我们必须在模型拟合与突破性努力这两者之间找到平衡。但是，这个课题相当艰难。

要点

不要弄错模仿的对象。此外，止步于模仿是不会有进步的。

放弃模仿而成功的飞机

鸟类通过拍打翅膀同时产生飞行的升力和推力。早期的飞机因为原样模仿鸟类而进展不顺。

后来人们放弃了这种方法，改由固定翼产生升力，由螺旋桨产生推力，实现各自发力后飞机才得以成功。飞机是**放弃模仿**自然的成功案例。现代飞机已经成为鸟类无法比拟的强大机器。

仔细想一下，汽车、火车甚至马车都以完全不同于动物的机制在运作。因为车轮这个旋转部件是动物所不具备的构造。螺旋桨也是如此（旋转动物的器官，动物的神经和血管会被扭结。比如"掰手腕"这一动作，会在掰到一半时转回去）。

赫伯特·乔治·威尔斯

另外，我们知道出现在**赫伯特·乔治·威尔斯**《*星际战争*》中的火星人，他们乘坐的车辆像动物一样行驶。因为放弃模仿地球上的车辆，才在虚构的世界中创造出了外星人的车辆！

3　舍弃细枝末节实现模型化（一）

●直接跳到结论的导师

想起我在耶鲁大学读研究生时写博士论文的事情。作为导师之一的**威廉·弗纳**教授怎么也不理解我的解释，同样的事情问了我好几次。起初，我一度怀疑弗纳教授的理解能力。

但是没过多久我意识到我错了。比如，他非常简单直观地导出了我从数学公式计算中得出的结论。不仅如此，他还就结果的意义以及放宽条件后的结论给出了提示。比起运算数学公式得到的结果，他导出的结果更具有一般意义。他不像我是在一步一步地思考，而是**跳跃**地给出了答案。或者可以说，他给出了解答的方向。

在弗纳教授的头脑里有一个特殊的思维循环。这可以说是他专有的"经济学理论体系"。套用这个体系，直接就能知道答案；或能验证某个答案的正确性，以及理论的发展方向。

弗纳教授最初之所以反复地询问我，是他将我所说的内容翻译到了该体系中。这个过程在表面上看来，会被认为是"理解迟钝"。

要点

我的经济学导师弗纳教授采取特殊的思维方式，并未一步一步地推导而是直接导出结论。

●能够不经计算直接跳到结论

我们经常看到"使用某种理论体系直接**跳**到答案"的例子。

比如下面的问题。

在没有任何障碍物的地方，枪以水平方向发射了一颗子弹。与此同时，另一颗子弹直接掉向地上。哪颗子弹先着地呢？

大家凭直觉会认为，发射出来经过长距离飞行的子弹落到地面上似乎比较慢。现在让我们用公式来解答子弹的运动。稍微有点复杂。如果"忽略空气阻力，假设射出来的子弹的初始速度为v"，那么学过物理的人都应该能够解答出来。答案是什么呢？与直觉相反，是"同时"。

可是，我们能够更简单地得出这个答案。只要将水平运动和下落运动分开即可。然后，两者因在下落运动上没有差别，所以可以直接得出结论：它们同时着地。

我自己的切身经历：我在大学物理科目的考试中，遇到过一道电磁气学的问题，如果认真计算的话，计算过程相当麻烦（非常遗憾，我忘记了具体细节）。但是，如果使用能量守恒定律的话，基本上无须计算就能得出正确答案。

要点　将问题放到某个框架中去思考的话，无须复杂计算就可以跳到结论上。这种方法在物理学中特别有用。

●什么是模型

以上内容我们可以用"**模型**"的概念来解释。

模型就是简化、抽象、逼真地描述现实，它提取出本质要素并描述两者之间的关系。用现实数据来匹配模型，可以验证模型是否正确。运用模型还可以解释、预测现实对象的行为，人们称其为"可操作性"。在许多学科中，模型在解释、发现、预测等方面都起着至关重要的作用。

例如，"**地动说**"是解释宇宙的一种模型。用它可以简单地解释天空上逆行的行星的复杂运动。仅这一点"地动说模型"就很有意义，即便它无法观测到太阳系的实际情况。**伽利略**用望远镜观测到了木星的卫星以及金星的相位，进一步证明了地动说是正确的。但是，即使没有这些发现，地动说也是有用的。

在物理学中，我们所说的"重复使用过去成功的方法"中的"方法"，主要是指"模型"。例如，我们使用太阳系模型来解释氢原子。还有"二维运动可以分解为两个一维运动"（这是伽利略最先提出的）以及"能量守恒定律"等等，都是"模型"。最初未能理解我的弗纳教授，也正是因为使用了自己的经济模型，才能在短时间内迅速导出结论。

用方程组来表示经济整体的计量模型是经济学常用的模型。用"消费函数"和"投资函数"等方程式来描述经济主体的消费行为和投资行为。使用实际数据来估算方程式的系数，然后将其用于评估和预测政策的效果。

经济学中还有更为原始的模型，比如**"需求和供给"**。我们将各种经济现象划分为这两个因素来考虑，由此便可以准确地理解和系统地掌握许多经济现象。正如物理学家所建议的——"将成功的方法物尽其用"，经济学家也要将模型"物尽其用"。

另外，学科体系中模型未必只有一个。例如，经济学中并存着古典宏观经济学模型与凯恩斯经济学模型，**不同的模型**各自主张自己正确，有时也会出现纷争。

模型也并不只限于数学模型。如本章第 4 节所述，模型也可以用图形来表示。

要点

> 简化、抽象和逼真地描述现实的"模型"，在许多学科中起到基本作用。

●舍弃细枝末节

模型最重要的一点是**逼近现实**。

亚里士多德

以**物体的下落运动**为例。我们观察一下铁球、布和羽毛的下落情况，会看到它们顺次到达地面。因而会觉得"越重的物体下降速度越快"这一法则似乎成立。实际上，自**亚里士多德**以来，人类对此毫不怀疑。

但之所以这样是因为**空气阻力**的存在。如果忽略空气阻力的话，则所有物体将以相同的速度下落。**伽利略**从**比萨斜塔**投掷下两个不同重量的铅球，证明了它们同时落地。铅球同时击中地面钢板时发出的巨响"宣告了**现代科学的开始**"。

伽利略的成功来自"舍弃一切与本质无关的东西"这一方法。这才是"制作模型"的本质意义所在，这也是**现代科学的基本方法论**。

但是，舍弃很难。"即便是不必要的信息也难以舍弃"，这是人类的自然欲望。克劳斯说克服这种欲望才是物理学中最重要的态度。

另外，"所要提取出的重要因素是什么？""如何区分可以放心丢弃的东西和本质的、重要的东西？"这些也是极其困难的问题。**彭加勒**所讲的"审美感"确实在这一阶段发挥着重要作用。但这种判断并非总是正确，很多时候无法事先做出判断。克劳斯说："只有真正走，才能到达目的地。"

要点

构建模型的要点是舍弃非本质事物进而逼近现实。伽利略因为舍弃空气阻力这一因素，达到了正确认识世界的目的。

伽利略的论点正确吗？

比萨斜塔著名的实验可能实际上并没有进行。因为伽利略用"**逻辑思维**"证明了"一切物体都以相同的速度下落，与重量无关"这一命题。"如果越重的物体下落速度越快的话，重的物体和轻的物体结合在一起时，下落速度应该是两者下落速度的中间值。另一方面，却认为重量越重速度越快，因而两者是矛盾的。"[1] 也就是说，他以演绎的方式否认了亚里士多德的主张。

顺便提一下，苏联物理学家**米格达尔**指出伽利略的逻辑并不完美[2]。假设亚里士多德的命题是正确的，则重的物体和轻的物体牢固结合在一起会以更快的速度下落，而用绳子捆绑在一起的话，其坠落速度将比其中重的物体要慢。因此，混合物体的下落速度将取决于如何结合在一起。但是，这被实验证明是错误的。因此，米格达尔认为就此还必须进一步实验论证。

4 舍弃细枝末节实现模型化（二）

●抽象化后模型显现

经常有这样的情况："乍一看呈现不同样态的事物通过抽象化之后归属于同一模型。"

---

[1] 伽利略·伽利雷（今野武雄、日田节次译），《新科学对话·上》，岩波文库，1937 年（绝版）。

[2] 阿尔卡季·贝努索维奇·米格达尔（长田好弘译），《理科的独创思考方法》，东京图书，1992 年。

例如，金融工程学中将**股价波动**描述为"布朗运动"。股价波动如同气体分子的运动一样是一种随机运动。气体分子的运动性质是用物理学来研究的，因此使用物理学的方法能够分析出股票价格的变化。

还有更令人吃惊的：热传导的研究结果可用于**分析期权的价格**［"期权"是指将来以固定价格购买或出售资产（如股票）的权利］。将获得期权价格的微分方程式进行转换的话，呈现出来的形式与**热传导方程**的微分方程式一样。热传导是物理学研究课题，用此可以求出解。

即使拥有期权交易专业知识的人，也不会意识到热传导理论可以应用于期权这种财务问题。实现这种可能是因为使用微分方程这一**抽象方式**进行表述。

人们通常认为，为便于**理解**最好用**具体**例子来解释。但是，有时候为便于"思考"，最好使用**抽象**形式来表达。这样可以建立起新的连接。

要点

　　通过用抽象模型表述，可以将研究结果应用于看似无关的领域。

过于具体令人费解

这是我从工程学院的应用数学老师那里听到的事情。在与理学院的数学老师讨论时，那位老师说："你说的事情太过具体了，我无法理解。请更抽象地表述它。"

这似乎有违常识。但是，站在"模型经抽象化才能理解"的角度来看，必须如此。因为太过具体，似乎许多细小因素都相关，更难以发现事物的本质。抽象化以后可以看清事物的本质。

●商业模型

"模型"这个概念不只对科学研究有用。它在商业中也是一个非常重要的概念。

但是，商业中的"模型"更大意义上是作为开展新事业的思考方法，而不是理解世界的方法。内容上也侧重于"类型化"和"方法体系"，与物理学中所说的模型略有不同。

例如，"超市模式"、"招牌模式"、"准时系统"以及"水平分工"等等都是商业模型。

在互联网商业中，开发新的商业模型起着极其重要的作用。"竞价排名"就是其中的典型例子。

但是，很难说 IT 商业中的商业模型已经完全建立起来了。同样新技术的发展也是如此。例如，并非从一开始就建立起了使用

"**无线电**"技术的商业模型。在无线电发明之后，它立即被用作"点对点"的收费通信方法，诸如将气象信息发送到船舶上，将音乐节目发送给听众。而之后才建立起"广播"商业模式——靠广告收入获取收益，面向分散且数量众多的受众群体。

要点　　在商业中"模型"的概念也非常重要。

●可能的经济学模型指南

许多经济学模型和法则都可以用于商业策划。我们在这里介绍几种，可作为指导策划新业务的指南。

◎**比较优势原则**：确定经济活动**分工**的基准不是绝对优势，而是**相对优势**。例如，假设无论是汽车还是电脑，A 国的生产成本都低于 B 国，但相对来说汽车生产成本更低，A 国就会专注于汽车生产，而从 B 国进口电脑。

同样，虽说 IT 商业未来还会发展，但并不意味谁都适合做。人们应该探寻那些可以利用个人或者公司相对优势的领域。

◎**一般均衡模型**：要了解某一变化所带来的影响，必须考虑它对经济整体的影响。淘金热吸引了众多矿工到达加利福尼亚，造成日用品短缺和严重的通货膨胀。结果，大多数黄金矿工仍然很贫穷，而那些提供短缺必需品的人赚到了钱。

同样，虽然 IT 产业和老龄产业在未来依然有前景，但众多企业的纷至沓来将导致该领域的必需劳动力（尤其是专家）工资上涨，使该领域的产业收益率下降。考虑到这些影响，未来可能有发展前景的是那些为 IT 和老龄产业提供基本服务的产业。

◎风险分散原则：为降低风险，应将投资分散到**反相关**对象上。集中投资于 IT 产业相关股票可能是一种冒险的投资策略。

> 比较优势原则等经济学模型和法则有时也是策划商业的重要指南。

●存在无模型领域吗？

我们在第 7 章中批判了机械性思考方法。其根本原因在于其中的许多方法轻视甚至忽视了"**模型**"这一概念。其中一个例子就是 KJ 法，它试图通过重新组合记录在卡片上的零碎观测内容导出结论。

使用这些方法有可能会得出错误的结论。将所有观测到的或者是想到的内容记录下来的话，很多内容将与讨论重点无关，甚至还可能会破坏讨论逻辑。

例如，将物体下落的观测结果记录到卡片上的话，则只能导出以下结论：**物体越重下落速度越快**。如本节开始所述，**伽利略**的洞察力正是超越了这些观测结果，他的发现才能成为现代科学的起点。

另外，使用卡片的方法，致使因果关系和相关关系无法区分，还可能导致因果关系颠倒。或者，当 A 产生 B 和 C 时，可能会把 B 当成 C 的原因。

在许多科学领域中，进行**观测**是为了**检验假设**。至少要先有想探明的问题或者想主张的命题，然后才收集相关数据并加以分析。从一开始就莽撞地收集数据，只会成为"**无理论的计量**"。

只有相当于"树干"的部分先存在，才会有"树叶"。大量堆积树叶也不可能形成树干。"没有模型就没有数据。没有理论就没有观察。没有世界观就没有分类。"这是学术常识。

但随着**深度学习**被广泛运用于**人工智能的机器学习**中，上述基本方法可能会发生变化。这个问题非常重要，但因超出本书的讨论范围，故在此不做论述。❶

当然，哪种方法有效，取决于工作**内容**。如第 7 章所述，指南式思考方法可能对考虑诸如商品**命名**之类的零散对象有效。在文化人类学中，因某些原因 KJ 法式的发现方法可能也有效。

但是，即便思考对象是商品名称这类问题，也最好构建出一个模型。例如，假设人们对颜色的喜好因性别和年龄而异，构建出与此相关的规则（模型）将成为强有力的工具。

要点　重新组合卡片之类的方法忽视了"模型"的重要性。

---

❶　此问题请参阅下面的内容：野口悠纪雄，《数据资本主义》，日本经济新闻出版社，2019 年 9 月。

5 逆向思考方法

●逆向思考

除上述内容之外，还有一些其他数学或物理方法对思考有用。

首先是"从结论逆向思考"的方法。"要得出这个答案可以这样，要想这样……"。这种方法常用于数学问题中，特别是几何学的证明问题。

具体步骤如下：

（1）明确"**目标是什么**"。与几何证明题不同，许多现实问题没有明确的目标，因此首先要明确目标。

（2）接下来思考："满足这个条件的方法有哪些？或者，**应该满足什么样的条件？**"

（3）进一步思考："它与**现实存在的事物**之间有何**区别**，这种区别如何消除？"

通常在目标明确的情况下，使用这一方法可以获得答案。在数学问题中，因最终目标以明确形式存在，所以很容易使用"逆向思维法"。

但在现实世界中，最终目标未必是唯一的。实际上也有未执着于最终目标而成功的例子。

便利贴的例子众所周知。3M公司开发出了一种新的胶水产品，但因强度不够，这个产品是失败的。但在思考"不是特别黏的胶水有没有用途呢？"这个问题之后，他们发明了便利贴。再介绍另外一个例子，杜邦实验室因无法产生冷却气体，却偶然生产出了聚四氟乙烯。[1] 这些案例提醒大家"即使产品研发失败了也请考虑用作他途"。

另外获得结果的条件通常不止一个，而是无数个，只有从中挑出恰当的才会成功。再加上解决问题的步骤较多时也难以找出答案。因而这种方法并非总是有效。

> **要点**　　从最终答案逆向思考，有时会有效。

●使用图形

几何学的证明问题肯定会使用**图形**。找到合适的辅助线就能找到解题的关键。不仅是数学中的几何学，诸如函数之类的抽象概念用图形描绘出来之后，也能更直观、更容易地把握。

在**经济学**中，也经常使用**图形**来思考**抽象概念**。

比如众所周知的"需求曲线"和"供给曲线"。假如"将收入增加移动到需求曲线的右上方"，就可以很容易地掌握由条件变化引起的价格变化。这样就可以直观地掌握多个变量对结果的影响。

因关系复杂无法获得方程式的解时，可以使用图形来研究解的性质。比如经常使用"**相图**"来检查具有两个变量的微分方程的解的性质。

---

[1]　艾拉·弗莱托（西尾操子译），《哦，发明了它！》，ASCII 出版局，1998 年。

图形多用于理解现象,但它也可以帮助我们直观地获得答案,从这个意义上来说它也是一种**思考的工具**。但是,请大家注意以下两点。

第一,仅仅"绘制图形"是无法得到有用的建议的,关键在于"**绘制什么样的图形**"。它没有一般规则,因情况、对象不同,有用的图形也千差万别。

第二,绘制图形也有缺点。有时因**受制于具体印象**而无法抽象提炼。前面提到过"抽象模型很重要",从这一点来考虑,图形可能会成为发现的障碍。

 绘制图形不仅运用于几何学中。用图形表示模型尤为重要。

●使用归纳法去发现

"从特殊事例中导出更加一般性的法则",这种方法被称为"**归纳法**"。

例如,画一个任意三角形并测量它的边长。将三个边分别设为 a、b、c,若是直角三角形,我们可以得到 $a^2 = b^2 + c^2$ 的关系成立,而且这种关系仅存在于直角三角形中。

我们还可以推断出,如果 n 是大于 3 的整数,则关系 $a^n = b^n + c^n$ 不成立。

如上所述,"通过**观察具体情况**、使用具体数值来得出答案，并从中推导出一般规律"，是了解事物性质时经常使用的方法。从一开始就思考抽象问题通常无法下手，因而可从具体事例开始。

通过变换数值，观察不同事例，从中得出一般规律。"使用归纳法的发现"过程是将具体事例**逐渐加以抽象**以提取得到一般规律，或创建具有普遍适用性的模型。

这种方法在**科学史**上起到了重要的作用。通过提取各种事例的共通属性，或将具体案例的答案扩展到更一般性的案例中，得出了许多科学定律。

但也有因过于拘泥于观察结果而误判本质规律的情况。这在天动说以及下落运动等定律中已做过论述。如何平衡归纳法与抽象模型分析，实际上是一个非常困难的问题。

要点

　　归纳法通过观察具体事例找出一般规律，它在发现中也起着重要的作用。

●考虑特殊情况

在理解数学公式时经常要考虑**特殊情况**。比如要考虑公式中出现系数值为 0、1 或无穷大的情况。这可以简化公式并能揭示出公式所蕴含的本质。

人们也经常使用此方法来检查一些不确定的结果（比如修改学生论文的时候）。这对思考也很有用。

> **要点** 考虑系数值的特殊情况可以正确理解数学公式。

6 游戏是思考的起点

●通过游戏学习到的思考方法

有些游戏（包括电子游戏）以"寻找答案"为目标。这些游戏帮助我们从小在不知不觉中学会"思考方法"。"猜谜语"就是一个寻找答案的游戏，它时常需要跳跃性思维。答案有时候不拘泥于词语表面的意思或具体的印象而具有一般意义，有时候又与平常的释义相反。这可以解释为是"抽象化"的训练。

拼图游戏基本上是"拼找组合"，是从支离破碎的组合中找到有意义的结合的过程，这个游戏也可训练思维。填字游戏是从提示中找到正确的词语，这个过程是训练人们从给定的条件找到达到目标的路径。

还有其他游戏也能够训练思维。实际上，孩子们将一切都当作游戏对象。即便没有任何游戏工具，他们也可以独出心裁地将周围环境变成游乐场。将旧物改造成游戏工具，将坏自行车、钟表和工具等变成爱不释手的玩具。还有人记得自己曾经把空房子、仓库、存储区当作游乐场吧，也还有人记得曾经在深山、灌木丛嬉戏过吧。孩子们在这样的环境中玩耍，能够天马行空地想象，创造出奇妙的想法。

格雷厄姆·贝尔

　　很多科学家和发明家被童年时代的玩具激发起了好奇心。**爱因斯坦**对科学感兴趣的契机源于从小对罗盘感兴趣。**格雷厄姆·贝尔**少年时代做过音叉实验，这之后启迪他发明了电话。

　　人类通过游戏经验学到了很多东西。比如实验失败的必要性，从不同角度看待事物的必要性等等。最为重要的是体验到了创造新事物的喜悦。我们通过游戏就如何思考和创造进行了基础性训练。

要点　　人类通过童年时代的游戏进行各种思维训练。

●为什么游戏很重要

　　只有**高级动物**才会玩"**游戏**"，高级动物中只有人类能长时间地热衷于玩游戏，人类在这方面是特殊的生物。其他动物有时也会玩游戏，但持续时间较短。人类如果愿意，甚至可以整天处于玩的状态度过 10 年以上时间。

原因之一可能是人类"在父母的庇护下，无须猎食行为"。但更重要的一点是人类**持续保持的好奇心**。处于进化链顶端的生物具备这种能力绝非偶然。游戏中肯定还蕴含着更**深层次的原因**。幼年时期热衷于游戏，无疑会对之后的智力发育产生重大影响。

实际上，**科学家**也是出于强烈的好奇心而沉迷于研究。从这个意义上来说，研究如同做游戏。在许多科学家的心目中，成人之后的研究延续了童年时期的游戏。许多科学家在儿童时代一定也是游戏天才。

莱布尼茨

岂止如此，许多科学家长大后仍然热衷于游戏。据说**莱布尼茨**可以数小时边思考数学问题边独自玩纸牌，爱因斯坦的书架上也摆放着很多数学游戏书籍。[1] 在剑桥大学皇后学院中还遗留着**牛**

---

[1] 艾萨克·阿西莫夫（星新一编译），《阿西莫夫短篇小说集》，新潮文库，1986 年。

顿制造的"无钉桥"，这也可能是游戏的产物。

仔细思考一下就会发现，游戏与思考之间具有一些耐人寻味的共同特征。

第一，因为有趣，所以可以**全神贯注**。游戏不是受父母之命，而是孩子们的自愿行为，他们玩得全神贯注。全神贯注是思考的必要条件，而游戏具备了这个条件。

第二，在游戏中，即便失败了也不会出现致命的问题，因而可以**大胆地提出想法**。游戏是现实生活中想法的"模拟"。

从这个意义上说，那些小时候不热衷于玩游戏的人，长大后也可能不善于思考。

要点　游戏是思考的准备阶段。幼年时期的游戏经验是成年后进行思考的必要条件。

●消失的游戏环境

但不幸的是日本的儿童游戏环境正**迅速消失**。因出生率下降，无兄弟姐妹的儿童数量增加，一起玩游戏的伙伴也就减少了。

而且现在的高科技机器即使损坏了也无法转换为游戏工具。真空管的收音机损坏后还可以再组装，对集成电路的就束手无策了。因此，现代生活中失去了许多以前围绕在儿童周围的游戏素材。

除此之外，因才艺学习或应试学习要去补习班，导致孩子们没有时间玩耍。当我深夜看到小学生拿着补习课的工具乘电车时，心里五味杂陈。他们被剥夺了宝贵的思维训练时间。想到他们成年之后的情境，我就黯然神伤。

在这种环境下，即使孩子们有空闲时间也只会看电视。但是**电视无法训练思维**。即使是电视中的学习节目也是**被动**接受，它不需要也无法发挥诸如将空地变成游乐场的积极想法。

以上我们对游乐场消失的感慨不仅仅是出于情怀，从丧失训练思维场所这层含义上来说，这无疑是一种严重的危机。

要点

> 在现代日本，游戏场所、工具和游戏伙伴正逐渐消失。此外，低年级的考试剥夺了孩子们的游戏时间。这对日本来说是严重的危机。

第 2 章小结

1.思考方法已经在数学课上训练过。

2."创造性抄袭行为"——将过去成功使用的模型应用于新问题,是数学和物理学的基本方法。在如何思考上,这个方法也最有效。"在光明的地方寻找"这一建议并不像乍看起来那样的无厘头。

3.对现实加以抽象的"模型"在许多学科中起着基本作用。它能帮助我们直接跳跃到结论,从这一点上来说,它对思考也很重要。"商业模型"在 IT 相关产业中发挥着重要作用。

4.逆向思考或绘制图形都可以帮助思考。但是,它们的有效性因情况而异。

5.孩子们通过游戏训练了思维。从这个意义上讲,游戏是思考的准备阶段。但在如今的日本,游戏环境正逐渐消失。

思考能力训练 2

改编科幻或推理小说的故事情节

　　无论是小说还是电影，抑或是漫画，如果你对其中的故事情节不满意的话，可以考虑换种方法让它更有趣。比如让新角色登场，或者更改时间、位置等等。适用于此的不是文学书籍，而是科幻小说或者推理小说。因为这些类型的小说是凭创意一决高下的。当我发现某部科幻小说想法新颖时，会把它借出来并自己重新改编故事情节。比如下面的想法：

　　"地球接收到了宇宙以外先进文明传来的信息。""有一天纸从全世界消失了。""文明被核战争摧毁了。""在木星的卫星中发现了古代遗迹。""人类发明了一种反重力物质。"等等。

　　对科幻小说不感兴趣的人，可以尝试改编历史故事。比如，在对马海战中如果俄国的第二太平洋舰队赢了会怎样？在中途岛海战中，如果日本海军赢了会怎样？等等。

　　据说萧伯纳训练创造力的方法是："读完书的上半部分后，自己思考下半部分情节。"而约翰·菲茨杰拉德·肯尼迪一旦在书中遇到问题提示，他就会合上书自己去思考。

　　在现实生活中，当我们看到火车上的悬挂广告、报纸以及杂志上的广告时，不妨尝试着变换一下它们的设计或者广告词。

萧伯纳

约翰·菲茨杰拉德·肯尼迪

第 3 章

为产生想法不断地思考

正如第 2 章中所述，伟大的科学发现源于"不断地思考"。那么，如何在现实生活中实现"不断地思考"呢？我们将在第 3 章中探讨这个问题。

1 恪尽职守，不断思考

●不断地思考就能有所发现吗

产生想法的必要条件是"不断地思考"。很显然脑子不运转的时候，发现或者想法不会从天而降。

那么"不断地思考"是产生想法的十分必要条件吗？换句话说，只要思考就能产生想法吗？只要努力必定能找到答案吗？

我们无法断言任何情况皆是如此，遗憾的是有时候努力了也未必会有回报。

但是在大多数情况下，只要不断地思考就会找到一些答案。如果满脑子充满着一件事情的话，通常会有一些想法，毫无收获的情况非常罕见。

要点

　　我们虽然不能断言只要思考就能产生想法，但是如果脑中充满了思考素材的话，通常会获得一些想法。

●必须恪尽职守

恪尽职守是实现不断思考的必要前提。

我在写论文或著书时切身感受到了这一点。只要**每天工作**，**工作记忆**就会保存在大脑**内存**中，也可能在走路时突然浮现出新想法。文章的整体结构都在头脑中储存着，所以无论是思考章节间的联系，还是调整章节顺序都可以在头脑中实现。

但如果因忙于其他工作而让头脑空窗几天的话，就不行了。这种情况**就不能称为"恪尽职守"**。必须在头脑中记住相关信息，思考才能在潜意识中得到推进。一旦记忆消失，思考将无法进行。

工作记忆在头脑中的**存储时间**因人而异，我是顶多两三天时间。我如果超过两三天不工作的话，我的记忆就会从大脑内存中消失。另外，当结束一项工作转移到另一项工作后，对上一项工作几乎就不会有新想法了。相关信息从"前室"中消失后，将掉落到更深层的潜意识中。

当然，有时也需要停下工作来休息。暂时离开工作将之前的想法"沉淀"一下，有时新的想法也会浮现出来。但完全脱离工作是不可以的。**彭罗斯**说："我必须保持对当前问题进行思考（可能是漫不经心的）。"即，不可以脱离工作。

彭加勒经过两周没日没夜地研究，才有了函数的想法。虽因旅途中杂事缠身，他写道："我忘记了数学工作。"这种忘记大概也就一两天吧。

因此，"**不断地工作**"是产生想法的必要条件。它要求我们必须投入工作并沉浸其中。大多数情况下，只要工作就能有一些想法。

因以上内容非常重要，我们再重申一遍："**必须不断地思考。**""**不断地思考，思考则会在意识下得到推进并最终产生想法。**""**要实现不断地思考，切不可脱离工作。**"

另外，必须开始工作才能做到恪尽职守。这是理所当然的，但在现实中执行起来却很困难。我们将在本章第 2 节中对此进行讨论。

要点

工作相关信息能储存在大脑内存中的时间因人而异。就我而言，脱离工作几天后信息就会消失。要想思考必须做到恪尽职守。

2 开始工作就能有想法

●使用 PC 可以实现任意编辑

如果能很好地运用 PC（个人电脑）的编辑功能的话，电脑将变为"思考机器"❶。

这样说可能有人会误以为开发出了一款想法处理器这样的特殊软件，还有人会认为是制造出了一款功能特别强大的机器。事实并非如此。即便以现在的状态，如果 PC 使用得当，它也能成为

---

❶ 用 PC 写文章时大家多使用 Word。除此之外，我们还可以使用统称为"编辑器"的软件。因编辑器强化了文本文档的输入和编辑功能，使用起来更方便。对于那些不需要在文本中加载图形或图表的人来说，它是理想的文本编辑工具。

功能强大的想法产出机器。现将理由阐述如下。

　　PC 的最大特点是极易编辑。当然写在纸上也可以修改，但修改太多就无法阅读了，还要再誊抄，这个工作非常烦琐。还需要先在脑海中构建出一个大体的文章框架，然后再从草稿纸的第一个格开始下笔。

　　与此不同，在 PC 上可以执行诸如删除、插入和替换之类的编辑操作，非常简单且无次数限制。它无须我们做誊抄等额外工作，就可以始终以易于阅读的形式呈现出最新版本的文本。

　　因此使用 PC 与手写完全不同，它可以**想到哪儿**写到哪儿。可以先写出将要主张的**结论，然后**再阐述**理由**。它不像手写时要沿着一个方向依次下笔，它是一种"来来回回"的方式。甚至起初多是一些单词罗列或笔记，尚未成文，经过一遍遍地修改后才逐渐成文。

　　因而需要进行**极其大量的修改**。撰写书稿时改个数百次也很正常。与顶多能改几次的手写稿不同，使用 PC 是一种别样的写作方式。

　　使用 PC 彻底改变了自纸张发明以来绵延数千年的文章书写风格。这种书写方式——"从积累笔记开始进行大量修改"将产生重要的意义，后面我们再加以阐述。

要点

　　　　用 PC 写文章可以自由地编辑。它是一种先积累笔记后写文章的方式。

●使用 PC 易于开始工作

"可以随意改写"意味着"可以轻松地开始工作"。它的重要性无论强调多少次都不为过。

在纸上书写时最艰难的事情就是"开始"。只有当整体结构策划到一定程度时，才能着手下笔。"想法还不成熟""现在没达到最好的状态，等状态好了再做吧""现在杂事缠身还没法真正开始，等有时间了再开始吧"，等等，借口很多，就是不开始。

总是在"等待"。越是重要的工作越是如此。

但是，使用 PC 就可以**轻松地开始**。因为只不过是做笔记，从任何地方都可以开始写，之后也可以随意修改，这让人们能够放轻松地大胆写。起好"开头"后，经过修改和改进，逐步就能完成。这样工作难以开始的惯性将显著降低。

我通常在书桌上的台式 PC 上工作，但会使用**智能手机的语音输入**来完成最初的笔记。

将智能手机放在桌子上，饭后就可输入简单的笔记。或在步行、等待的时候输入都可以。

奇怪的是，当**环境改变**时，工作难以开始的惯性会进一步降低。虽说使用 PC 可以更轻松地开始工作，但在书房的台式机上开始工作这种方式，还遗留着某种惯性。迈出"第一步"是如此困难。

许多人都曾指出"开始工作"的重要性。例如，卡尔·希尔蒂将其阐述如下 ❶：

---

❶ 希尔蒂（草间平作译），《幸福论（第一部）》，岩波文库，1935 年。

　　首先，最为重要的是下定决心开始工作。决定坐在办公桌前收心工作是最为困难的事情。一旦提笔写出第一笔，千里之行迈出第一步后，事情就变得容易很多。但是，有些人总是因缺少什么而难以开始，只是在做准备，迟迟不肯开始。（中间省略）另外有些人在等待特别的兴趣油然而生，其实在工作的过程中才最容易引起兴趣。

　　如果在希尔蒂的时代可以使用 PC 的话，他肯定会购买并会发现 "PC 突破了惯性" 这一事实。他还会成为 PC 的狂热拥护者吧。

要点

　　使用 PC，即使还没有构思好整体结构也可以开始下笔。因而会有效克服工作难以开始的惯性。

●若能开始工作则能思考

　　"开始工作" 将产生巨大的效果。这是因为它意味着开始对工作进行思考了。

　　一旦开始下笔，便会在上下班途中或进餐时不断地思考它（多数是无意识地）。还可以与自己对话。

　　这么做的意义重大。因为新的想法是经过 "不断地思考产生的"。

　　正如第 1 章第 5 节 "发现的模型" 中所指出的，这种心理行为也在潜意识阶段活动着。它在 "不知不觉" 中活动，比如在睡觉或走路的时候。等待而迟迟不肯开始工作，是无法进入此阶段的。

希尔蒂也是出于完全相同的理由来强调"**开始工作的重要性**"。他说：

一旦大脑知道你正勤奋地埋头于工作，人的精神就会不停地工作。我们经常会遇到这种不可思议的事情：经过一段时间（不太长）的休息后，却发现工作在不知不觉中得到了进展。一切都好像自然地明朗起来，许多困难似乎突然迎刃而解。

● 与自己讨论

在写作过程中，我们经常会重复无数次这样的事情，诸如**重构**论点、数据，修改理论逻辑，更改观点，变更整体结构，等等。在修改的过程中，我们也可能会得到**完全不同**于最初设想的**理论逻辑或结论**。要明白注释实际上具有重要的意义，注释可能会成为主要观点，也甚至能和正文颠倒过来。

希尔蒂也说："工作在做的过程中，经常变得**与之前所设想的不同**。"

在著书的过程中，可能会出现这种情况：写了很多之后才做大幅度修改，甚至重构章节层次——将一章内容分解开来，再与其他章节内容结合形成新的一章。

因之前构架的体系崩塌，这种**重组**是非常困难的工作。同时书稿已经完成到一定程度，还必须进行一些细小的修改。

这意味着要**与自己对话**，进而进行思考。仅凭大脑有时很难完成与自己讨论这一过程。尤其是当思考积累到一定程度时，很难系统地掌握思考的整体面貌。但如果将其写下来的话，就可以像看别人写的文章一样来批判自己写的东西了。

 可以像读别人写的文章一样，批判性地阅读自己的文章。这样可以实现自己与自己对话。

●暂且删除

文章让人难以理解的主要原因之一是**记叙冗长繁杂**。能删除的尽可能删除，这是使文章易于理解的最大秘诀。换句话说，撰写文章的真谛不在于"写了多少"，而在于"**删减了多少**"。

但是，**删减起来很难**。"好不容易写的"，不舍得删掉，这是人类的自然习惯。

完成这一艰难任务的最简单方法是"**暂且删除**"。即"删除"不是完全删掉，而是**保存到其他地方**。

我会这样来做：首先将删除的文本移到文档末尾（编辑器的**跳转功能**对于顺利执行此操作必不可少）。达到一定数量后，再将其移至另一个文件中。当涉及章节之间较大范围的叙述顺序调整时，我会在调整之前保存好以前的章节。

这样，之后需要时就能轻松地将其还原。**能够确保可以"还原"后，就能放心地删除了**。

 将已删除的文本保存好，在需要时可以轻松地将其还原，这样就能够放心地删除。

3 走路产生想法

●想法不是在书房、实验室中产生的

"促进想法产生的环境""容易产生想法的环境"，有哪些呢？

从第 1 章中描述的伟大发现的启示事例中，我们可以找到一些共性。这就是"与日常环境**略有不同**"。或者是从集中或紧张的精神中解脱出来的"**微小的环境变化**"。

阅读书籍、撰写手稿以及实验操作是在书房或实验室中。但想法未必是产生于这些地方，稍微离开一下会有不小的收获。

古代的人们就说"三上"是想法容易诞生的地方。"三上"是指**枕头上、马背上（或马鞍上）以及马桶上**（北宋的文人政治家**欧阳修**之言）。就我而言也基本上类似：散步、洗澡以及床上。

欧阳修

灵感不是在禁闭于房间里并保持相同姿势思考时出现，它多在**变换休息位置**的那一瞬间闪现；有时埋头工作之后离开办公桌的一瞬间，想法产生了。这也许是因为变换姿势后，想法也变换了方向，可以从其他角度来思考了吧。

我们由此得出如下"思考法则"："**当头脑中满是素材时，想法会在环境稍有变化后产生。**"

当然，环境本身不重要，重要的是**之前的专注**。为了促进"无意识的思考"，可以尝试"**睡前装入素材**"的方法。期待着想法在睡觉时得以成熟，早晨起床时能灵光闪现。洗澡或散步时也可以这样做。所以不能看电视或做其他事情，以免被不必要的信息干扰。

要点

> 专注工作之后，若环境发生些许变化，人们通常会获得"启示"。

●将素材装满头脑之后再走路

"走路"是实现"环境略微改变"的一种有效方法。工作遇到瓶颈时，漫步于公园或许会获得一个好想法。散步是一项**积极的活动**，不是"劳累后休息"的消极行为。

走路时想法突然浮现又突然消失。突然浮现出来的多与眼前事物无关，而是"前室"（第 1 章第 4 节）中的想法出来了。

散步前将素材装满头脑，"素材像在头脑中被搅拌"了一样，从而产生想法。也可能是新鲜的空气激活了大脑，还有种说法是脚受到刺激而激发了想法。我们至少可以确定的是活动身体对思考产生了积极影响。"走路"是获得想法最简单、最安全的方法。

古希腊哲学家**柏拉图**边漫游世界边教授他的门徒们，因而他的门徒亚里士多德的学派被称为**"逍遥学派"**。据说牛顿和爱因斯坦也喜欢散步。

柏拉图

大学校园也非常适合散步，在海德堡、京都等地的大学城里都拥有"哲学家的小道"。在高楼大厦的城市街道中很难找到这样的环境。公司也可以考虑将办公室、研究所设立在森林中的湖边。美国的金融机构已经有这样做的了。

但是，我们再强调一次，最重要的是**在散步前将素材装满头脑**。若非如此，走路只是休息而已。我的经验充分证实了这一点。在写书时，散步总会带来想法；不做需要专注的工作时，散步只是散步而已。头脑中若空空如也，无论怎么转悠也不会有丝毫收获。

要点

　　"将素材装满头脑之后走路"是帮助思考最切实可行的方法。想法并非诞生于实验室。

4 能够集中精神的环境·无法集中精神的环境

●天才们都很专注

　　许多伟大的成就产生于能够**集中精神**的环境。如果要找出什么是科学发现所共通的环境要素的话，那么答案将是"能够集中精神的环境"吧。

　　天才周围的人常常对天才极端的专注行为甚是不解。**牛顿**在撰写《原理》时，常常因沉迷于工作，忘记去吃已备好的晚餐。他还曾因专注于工作而忘记接待来访的朋友。据说**爱因斯坦**在思考相对论时，禁闭在书房里两周不见任何人。成功证明"费马大定理"的**怀尔斯**也禁闭在他的阁楼上，连学会都不去参加。

安德鲁·怀尔斯

卡尔·弗里德里希·高斯

据说数学家**高斯**专注于某个公式运算时，医生告诉他："您夫人在二楼卧室中处于病危状态。"高斯却头也不抬地说："你告诉她让她稍等一下。一会儿这个公式就解出来了。"❶

拥有丰功伟绩的大家中数学家**冯·诺依曼**是最忙碌的人之一。他无论处于何种环境都能够发挥出令人震惊的专注力。据说他的妻子曾对他说："你一专心工作，大象出来了你都不会发现。"作为回应，诺依曼在他的著作《博弈论与经济行为》一书中插入了一张大象的图画。

冯·诺依曼

要点　　天才们以惊人的专注力沉浸于工作中。

---

❶　艾萨克·阿西莫夫（星新一编译），《阿西莫夫短篇小说集》，新潮文库，1986 年。

●清空记事本以专心工作

谁都明白"学习、研究需要集中精力"这个道理。人类的**工作内存**（存储短期记忆的地方）容量小到令人吃惊，只有专心于手头工作，才能提高效率。可能是因为工作内存被占据了，在工作中遇到麻烦或者家人生病时就无法工作。

因此，为专注于思考，必须尽可能地消除掉"阻碍精神集中的因素"。在不久之前**电话**还一直是一个最大的阻碍因素。需要集中精神处理工作时，就必须防止来电。

电子**邮件**似乎解决了这一问题，人们可以在工作告一段落后再处理邮件。但问题是它与电话不同，无法设置为"忙碌"状态。并且发送电子邮件也很容易，存在着被**邮件风暴**袭击的风险，而人们对此却毫无防备。有人会以"一天收到数百封邮件"为傲，但不得不说这些人所处的环境**根本无法进行思考**。

人的能力有限，很难同时进行多项工作。边写书边奔波于会议基本上是不可能的。记事本里满是预约的人将与想法无缘。整天忙于琐事，忙于会面，是无法"思考"的。

我在写书时不想做其他任何工作。一是怕被占用时间，二是不想将思维回路切换到其他工作上去。因此，我会事先很久就完全取消会面等活动。其他人可能会认为"你很忙"，实际情况却**是记事本上空空如也**。

我的记事本上空空如也的时候就是我正在做重要工作的时候。如果记事本中记满了安排，那我就是处于没有重要工作的时期。

有杂志设有"阅读名人记事本"的栏目，当看到某人预约满满的时候，我们就知道："他在做的工作不需要专注呢。"

> 人类的能力有限，当忙碌于事务性工作时将无法思考。要想进行思考，必须确保有专注的时间。

●机构的高层领导们出去旅行吧

虽说忙碌是思考的敌人，但是机构负责人必须处理繁忙的事务性工作，必须会见访客，而这些人还必须要思考。那该怎么办呢？

我的建议是："尽力而为，保证**独处时间**。"

首先是应避免工作电话打进家里，确保在家里有一个**能够独自思考的环境**。如果是乘专车上下班的话，应避免在车上打电话，确保在车上有独自思考的时间。办公的时候，要抽出时间去外面散步。

而这些也都只是**碎片时间**。实际上，他们还需要有更多的时间来**专心思考**。那就出门旅行吧，这能强制性地创造出一个独处的环境。

一周左右的国外旅行最理想。不可能的话，也应该每年抽出几天时间在国内旅行。这也不可能的话，去市区的宾馆里禁闭几天怎么样？

如果连这都没有时间的话，领导们就要思考一下自己是不是状态不佳了。有可能自己在说自己忙得团团转的时候，整体却朝着荒谬的方向发展。

不必说，这里所说的旅行一定是"独自旅行"。如果必须几个人一起的话，最好单独坐。坐在火车上很难进行头脑风暴，总经理应坐到远离秘书和下属的座位。总经理在旅行时如何就座反映出了公司的知性水准。

要点

> 机构的高层领导很难确保专注的时间。因此，需要努力创造旅行等独处的机会。

在火车上改变世界的冯·诺依曼

20 世纪最伟大的数学家冯·诺依曼超级忙碌。第二次世界大战后，他是普林斯顿高等研究院的教授，并同时兼做六家军事机构的顾问和一家民营企业的顾问。❶

当时他的大部分工作都是在**火车**上完成的。也许很多人会觉得火车不是研究室，会很清闲。但火车上是一个可以专注思考、不被打扰的理想环境。

诺依曼在横贯大陆的火车上完成了与计算机相关的思考。现代计算机的基本概念，即"冯·诺依曼型"计算机原理就诞生于火车上。如果那时在美国出行全靠飞机的话，就会剥夺这位天才专注的时间，那么计算机现在将仍处于未发展的阶段，人类生活的世界也将与现在完全不同。

---

❶ 诺曼·麦克雷（渡边正、芦田绿译），《冯·诺依曼传》，朝日选书 610 期，朝日新闻社，1998 年。

●脱离沉迷于电视和智能手机的生活

电视和智能手机是阻碍人们思考的另一个重要因素。沉迷于看电视、玩智能手机时（这里所说的玩"智能手机"是指被动地浏览网页、玩游戏等行为），好的想法不可能出现。

原因不仅仅在于电视节目内容粗俗（的确有些节目内容粗俗，但也有些并不粗俗）。问题在于看电视的时候，人们的精神陷入**被动状态中，无法进行积极的活动**。若沉迷于电视，大脑就会沉溺于被动状态，并不断地寻求放松。有人指出**甚至"芝麻街"之类的教育节目**也会对孩子的大脑产生不利影响。[1]

那网络游戏如何呢？在第 2 章第 6 节中，我们阐述了"游戏激发思考能力"的内容，那网络游戏会训练思维吗？

我的答案是否定的。网络游戏可能能够培养反应能力，但它不能训练思维。最大的问题在于网络游戏缺乏自由。要想把旧物变成玩具需要**创造力**。乍一看网络游戏似乎有很多可能性，但它不可能超出设计者设定的框架，这使得创造力无法发挥出来。

从常识上来说，以上表述毋庸置疑。但我们没有掌握足够的科学证据来断定它。也许是因为需要长期地观察才能证明它们对思考能力的影响，而这个实验又很难进行。

但至少我们可以说电视和网络游戏不能培养思考能力。因此有必要将它们从儿童的环境中消除掉，至少应该在时间上加以限

---

[1] 杰伊·赫尔利（西村辨作、新美明夫编译），《衰落的思考能力》，大修馆书店，1992 年。

制。另一方面，我们还需要准备一些孩子们可以专心做的事情，比如读故事、昆虫采集、手工等都可以。孩子们所专注的**游戏**对培养思考能力具有本质意义。

但今天在日本推行这一事项基本上是不可能的了。因为孩子们脱离电视和游戏后，将与朋友变得无话可谈。他们在生活中沉迷于电视、游戏而不能自拔，这是一个亟待解决的问题。

要点　　电视让大脑变得被动，从这个意义上来说它阻碍了思考，至少要限制观看时间。

第 3 章小结

1. 必须恪尽职守并不断地思考。为此，必须开始工作。

2. 在工作间隙出去走走常会受到启示产生想法。自古以来大学周边是适合散步的理想场所。

3. 要想进行思考，必须创建可以集中精神的环境。电视、电子游戏使人变得被动，剥夺了人们积极思考的能力，它们是思考的敌人。

思考能力训练 3

预估"不着边际的事情"

"芝加哥有多少个钢琴调音师？"

这是物理学家恩利克·费米经常问学生们的问题。他想获得的并不是一个确切的数字，而是预估一下是几百人还是几千人。从中我们会发现即便是"不着边际的事情"，若一步一步迈进的话也能够掌握。"从芝加哥的家庭总数中推算出拥有钢琴的家庭数量，进而估算每年所需的调音次数。从另一个方面也能预估出一个钢琴调音师一年可以调多少台钢琴……"（费米因参加首次原子弹实验并相当准确地确定出了原子弹的爆炸力而闻名。）

恩利克·费米

以此类推，东京有多少人独居？因家中无人入室盗窃造成的总损失是多少？安全设备的年销售额是多少？……思考一下这些问题会很有趣。再比如大阪呢？你所在的城市呢？

顺便提一下，日本许多县的人口大约是日本总人口的1/100（即约130万人），县政府所在城市的人口大约是县总人口的1/3。这样就能够预估出垃圾的产出量、消防车的数量等。或者还可以将其用于思考汽车、楼房的销售策略。

在一些无事可做的地方（诸如通勤列车上）训练大脑思维非常有趣且有效。

第 4 章

为思考而进行的对话与讨论

将既有事物组合成新组合需要**接触不同的想法**。与人接触是最为有效的方式，集聚智者讨论各种问题是进行思考的理想环境。本章将具体介绍这种环境的创建方法。

1 头脑风暴

●集聚什么样的人最重要

众所周知，**头脑风暴**在思考中起着重要的作用。它是集聚几个人进行讨论并产生新想法的方法。它可以实现"三个臭皮匠顶个诸葛亮"的效果。

针对"如何展开头脑风暴"人们已提出多种方法 ❶。但重要的**不是方法论，而是参与者的质量**。

头脑风暴的成果取决于**参与者的质量**。质量差的话，无论运用多么复杂的方法也不会有任何成果。相反，若能集聚到有才华的人，即使不刻意使用方法，也可以很自然地获得很多成果。因此，最重要的问题是集聚人才。

这是不言而喻的，但实际上集聚优秀的人才非常困难。

至少两个人可以进行头脑风暴。如果参与者过多的话，将无法很好地发挥作用。人数若超过20人，每个人的发言时间受到限制，将无法实现有效讨论。四五个人应该是最合适的规模。

---

❶ 例如，有人提议以书面形式展开头脑风暴，还有人提议隐藏真正的议题等等。

为防止出现闲聊、杂谈的情况，需要有主持人主持讨论。成员之间若上下级关系紧张的话，对发言会有所顾忌，讨论也无法顺利地展开。因此，营造一种**自由**、**积极的讨论**氛围非常重要。

虽说我们非常欢迎积极的发言，但讨论也不能被一人的演讲所独占。如果有人只热衷于展示自己，讨论也不会成功。

在研究或调查活动的中间阶段，集聚外部人员举办**研讨会**非常有用。可以有工作坊、小组讨论和专题研讨会等各种形式。这些聚会与其说是报告研究结果，倒不如说是为了**征求意见**。换句话说，**受益的不是听众而是发言者**。

也可以以这些聚集形式听取针对个人论文的评论。大学和研究机构正定期为年轻研究人员举办此类研讨会。

要点

　　头脑风暴是尝试通过接触不同的想法，以期产生新的想法。与其烦心于如何开展头脑风暴，不如设法确保高质量的参与者。

●没有黑板的会议室智慧水平低

我们说"头脑风暴的开展方法不重要"，重要的是要具备思考的**环境**。

其中尤为重要的设备是**黑板**。在黑板上可以将讨论过程中出现的想法记录下来并加以整理，它还能确保所有参与者始终能看见记录内容。在黑板上绘制图表能使概念更为明确，也有益于思考。

因此，进行头脑风暴的最佳场所是大学教室。企业的会议室里通常没有黑板。我去过某经济组织的研讨会会议室，高科技设备堆积如山，却唯独没有黑板。这种环境根本不适合进行头脑风暴。

最近大学教室里都装有**白板**，黑板正逐渐消失。在白板上用**标记笔**书写的话，非常难以擦除。从黑板换成白板意味着大学知识水平的下降。

我们经常准备好 PowerPoint 资料并用投影仪投影。这乍一看似乎很有用，但它只能显示事先准备好的内容，无法处理讨论过程中新出现的想法。

用于面向被动接受的听者进行单方面的讲授尚可，但在进行头脑风暴时这不是明智的方式。

前几天我在报纸上看到一则关于"最新式研究生教室"的介绍。每个学生的课桌上都装有屏幕，教室像各种机器的展示场所一样，唯独没有最为重要的黑板。我们无法确切地推测出在"没有黑板的教室"中能进行何种层次的授课。

要点

> 黑板（或白板）对于头脑风暴不可或缺。仅仅放映事先准备好的 PowerPoint 资料无法进行头脑风暴。

●在未完成阶段请他人阅读

即使不能召开如上所述的研讨会，也可以请他人阅读中间阶段的研究报告或草稿并听取他人的意见。我有时会请求朋友阅读我还未完成的草稿。

这能让我们从自己难以觉察到的视角观察问题，能够从另一个角度来发现想法缺失或者跳跃的地方，并能从自己认为理所当然的事情当中找到问题。朋友指出的自己没有注意到的错误或他们提出的新观点让我们受益匪浅。这样还能帮助我们从"臆想"或"自以为是"的困境中摆脱出来。

这种做法还有其他的效果：当我们意识到要接受评论时会用"读者的眼光"来审视自己，进而就会明白"别人是如何阅读的"，实现自己与自己对话。

但是，最大的问题还是能不能**找到帮自己阅读的人**。只有研究领域在一定程度上相通的人，才能起到作用。

最大的问题是**占用别人的时间**。阅读然后思考、评论需要花费时间，且大多数情况是快到截止日期没有太多时间的时候才拜托别人"给出评论"。

如果能找到帮自己阅读的人是非常幸福的事情，一定要珍惜他们。这是双向的互帮互助，在对方想获得自己的意见时，一定要爽快答应并及时回应。

在欧美，很久之前就可以用打字机的复写纸复写，因而可以在未完成阶段复制草稿。而手写稿难以阅读且无法复制（施乐复印机的普遍应用是在 20 世纪 60 年代后期之后），之前日本研究人员没有使用打字机，在"请别人阅读"这一点上步履维艰。这也许是征求他人意见的做法没有在日本扎根的原因之一吧。

IT 在技术上完全解决了这个问题，即使不是正式的讨论文本之类的内容，文字处理文本也可以拿去烦请别人阅读。但是现在很多日本人仍未养成找别人阅读的习惯，这是研究方式最需要改革的地方。

要点

　　请别人阅读半成品的草稿非常重要。别人能够指出自己注意不到的地方，能让自己用"读者的眼光"审视自己。可是找到帮自己阅读的人非常困难。

●批判不是否定人格

　　在以上过程中有一点非常重要，这就是不要因被**批判**而生气。例如，请别人阅读自己写到一半的论文时，可能会受到猛烈批判。但这并不意味着对方宣告你的论文毫无价值。批判只是一种方法，对方只是希望你的论文能得到改进。因此，对于越为严格的意见，我们越应欣然接受。

　　但这实际上很困难。对任何人来说被批判、被否认都不是一件愉快的事情。特别是日本人还未习惯这种智慧的创造过程，因此可能会引发人际关系问题。

　　如若别人阅读完论文后返回的只是称赞的话，这么做则毫无意义。特别是研究中的论文肯定会有问题，受到批判也是理所当然的。

　　在进行头脑风暴时也应做好被批判的准备。但如果成员之间存在上下级关系的话，总会对发言有所顾忌。之所以说参加者之间最好是平级关系，就是因为自由的讨论最重要。

> **要点**　　在头脑风暴中受到批判才有意义，但实际上可能会引发难题。特别是在日本的知识环境下，很难进行自由的讨论。

●反方向利用采访价值

除上述内容之外，我认为还应重视其他能够进行思考的场合。这就是报纸或杂志的采访。可能是因我情况特殊这类机会比较多。大家可以参考我利用这些机会的经验做法。

通常报纸或杂志的记者具有较高的知识水平，且采访我的人与我在某种程度上会有共通的知识背景。因此，与这些人交谈经常会使我受到启发。

很多时候不是对方的话启发了我，而是**我自己**在讲话过程中**想到**的问题启发了我。这种情况下对方扮演的是"**催化剂**"或"**助产士**"的角色。

这些场合中产生的想法启发我写了无数的小论文。因出版书籍接受采访时，我在谈话中间也无数次跺脚感叹"应该写这个的！"（也有将一些观点拓展成书的情况）。

但并非和任何人交流都可以。与一些人交流后能得到启发，有些则未必。如果采访请求是"善于启发人"的人发出来的话，无论多忙都必须接受。**这不是为对方，而是为自己。**

在采访中要备好记录纸（废弃的单面打印纸即可）以便将想法记录下来。这不是与对方交谈的谈话内容备忘录，而是供自己日后使用的（因此要藏起来不被对方看到！）。

实际上不只是在采访中可以产生想法。诸如在**上课或演讲**中，自己一方单方面说话时也会产生想法。当然，也要将这些想法记录下来。

我在讲课中因经常记笔记而在学生中闻名。在上课或演讲中因专注于某一专题，会有一些新的想法。当然大学课程是为了教育学生，对老师们来说，为自己加以灵活运用也未尝不可。

这样的过程似乎不可思议，不是在征求对方的意见，也不是在交流，而是自己单方面说话。从这个意义上讲这是"单人相扑"，但它有益于思考。

机构领导人员可以有意识地利用类似的过程。他们只须喊来下属并分享自己的想法即可。当然听者并非任何人都可以。但在一定规模的机构中，总会有人适合担任"助产士"的角色。

要点

　　在接受采访自己讲话的过程中、讲课或研究的过程中经常会浮现出新的想法。

● 日式会议有必要吗

与头脑风暴似而不同的是"会议"。

在日本机构中，无论是公司、政府机关还是大学，都频繁地举行会议，其目的和形式各不相同。

最为正式的是公司董事会、大学评议会和教授会议等。通常这些会议的目的是事先沟通之后进行形式性的决议投票，由集体做出决定，以**分散责任**。也有的会议其举行目的是提高机构成员的参与意识。在传统日式公司中合作最为重要，这种"日式会议"也非常重要，但它在"思考时代"中有多重要，是一个很大的**疑问**。

　　当然，也有的会议其召开目的是寻求想法或者解决方案。但由于参与者的上下级关系紧张，多数情况下无法自由地发言。它最大的问题缘于不负责任的期待——"聚集在一起总会有办法"，而使会议在准备不充分的情况下召开，如此会议就变成了聊天、畅谈会。

要点　　日本机构频繁举行会议，这与头脑风暴性质完全不同。

2　想法孵化器的聚集地

●放有咖啡机的聚集聊天场所

　　比起正式会议，**轻松的**讨论氛围对思考更有益。

　　下面是我的经验之谈。20 世纪 70 年代初，我在耶鲁大学读博士研究生，在建筑物的一角有一间放有**咖啡机**的小房间。年轻的研究人员和研究生都带着自己的杯子去那里倒咖啡，结束讲课的教授也会去那里稍做休息。如果没有人的话，倒完咖啡就回去了，如果有人的话就站着聊两句。这是**自发的对话**，没有人组织，也没有人事先安排。

对于正在写博士论文的我来说，在此"聚集聊天场所"中的交谈以及信息交换让我受益匪浅。在这里人们可以获得诸如"现在大家最感兴趣的题目是什么""选择什么样的题目比较有前景""哪些题目适合研究"之类的信息。

对研究生和年轻的研究人员而言，最重要的信息是"最好研究什么样的题目"。因为当前人们关心的题目更有可能发表在专业期刊上。但挑战过于困难的题目可能会研究一生也得不出答案。

在课堂或在研讨会的讨论中很难获得此类信息。它不会出现在官方研讨会上，更不会出现在教科书或期刊上。之所以在这里出现是**因为**这是在休闲场所中进行的非**正式对话**。

另外在这种场所就当前的研究题目进行交流也能获得简单的意见。即它是本章第 1 节中所提到的研讨会的简化版本。

这种地方可以称为"想法孵化器"，它是大学和研究机构中最重要的地方。

要点

> 在美国的大学中，放有咖啡机的"聚集聊天场所"成为交换信息的重要场所。

●咖啡馆和教师俱乐部

在欧洲有一种传统，那就是在附近的**咖啡馆**举办大学研讨会。就城市中的大学而言，"校园"范围并不明确，大学建筑物多与周围城市景观融为一体。

波兰的大学城利沃夫有着"**咖啡馆数学**"的传统。教授和优秀的学生聚集在咖啡馆里，在大理石桌上写下方程式，连续讨论十几个小时。法国的咖啡馆既是知识分子的聚会聊天场所，也是讨论的地方。据说萨特在咖啡馆里思考出了存在主义哲学思想。

美国的大学中必定会有**"教师俱乐部"**（教授等教职工的聚会场所，他们经常在这里用餐），这也是教职工聚会吃饭和讨论的地方。

实际上，想法通常是在休闲的氛围中（例如用餐），通过自由的交谈受到启发而产生，而非沉闷的氛围（例如研究会）。进行实验并编写报告是在实验室里进行，但研究中最重要的部分多在实验室外完成。

杨振宁（1957 年诺贝尔物理学奖获得者）讲到，"奇偶性非守恒"的想法是他和李政道（共同获奖者）在一家中餐馆吃饭时想到的。❶

让·保罗·萨特　　　　　　　　杨振宁

❶　三浦贤一，《诺贝尔奖的思考》，朝日选书 279 期，朝日新闻社，1985 年。

当然，仅仅聚集在一起交谈并不能产生想法。在休闲场所交谈极有可能只是聊天，它要求参与者拥有**强烈的问题意识**。

顺便提一句，尽管聚集场所对研究人员来说不可或缺，它能使人们随意接触并简单交换意见。但在日本的大学和研究所中很难找到这种地方，教师俱乐部等设施也不齐全。

这与缺乏预算和没有场地有一定的关系，但更为相关的是**文化因素**。若在日本传统大学中创建教师俱乐部，它将被**高级教授**所占据，不可能为年轻研究人员提供轻松讨论的氛围。因此，即便创建了教师俱乐部，也极有可能无法运行。另外日本也没有自由讨论的习惯，如本章第 1 节所述，许多人将批判视为对人格的否定，这使得自由讨论难以进行。

研究生需要实验室但不需要会议室，这如实地反映出日本的研究风格是"实验室**禁闭**风格"。

另外，相对来说在地方城市更容易创造自由讨论的环境，在东京等大城市中，有的大学甚至已成为"**上班工作的场所**"，很难营造这样的氛围。

要点

> 想法多是在轻松的氛围、自由地交谈中受到启发而产生。但在日本的大学和研究所中很难找到这种环境。

●商人孵化器

以上所论述的是大学和研究所的环境，类似的环境实际上对商人来说也非常重要。

亚当·斯密在《**国富论**》中讲道，当时的伦敦商人们聚集在**咖啡馆**里讨论（当时的英国人不喝红茶，而是喝咖啡）。这与其说是为了思考，倒不如说是为了交流信息。但在交谈中必定会出现新的商业想法。

亚当·斯密

即使在今天，纽约华尔街的**咖啡馆**、**餐厅**以及华盛顿的**餐厅**等地方似乎也发挥着类似的功能。日本商务区的咖啡馆座席是面对面而坐，这不是能进行自由讨论的理想场所。日本的酒吧、餐厅、会客室之类的地方更不用说，它们与知识性氛围相去甚远。

人们通常认为开创新业务需要"**孵化器**"。但是它所需要的并不是夸张的研究设施或研讨室。

在日本，也有一些主要由年轻商人参与的**跨行业交流**会。这些聚会不仅是搭建人脉和交流信息的地方，还是与公司外部人员交流以产生创意的地方，所以商人们应该善加利用。这对那些局限于"我们公司"这个小集体里面的日本商人来说非常重要。

要点　　为产生想法，可以自由交换意见的地方是商人的必到之处。

●理想的孵化器

大学或研究所的存在意义在于能够近距离地找到讨论和交换意见的人。因为这里集合了一些在某种程度上专业领域接近，且具有一定能力水平的人。拥有这种条件的人应该充分利用这种环境。

这是孕育、发展想法的理想孵化器。无论如何运用计算机都远不及这种环境。

阿诺·彭亚斯（1978 年诺贝尔物理学奖获得者）在谈到他进行研究工作的**贝尔实验室**在何种意义上堪称卓越时，他讲道："作为科学家是成功，是一般，还是失败，一切皆**取决于如何选择问题**。在这里能与各种人进行交流，很容易发现问题。"**丁肇中**（1976年诺贝尔物理学奖获得者）曾就职于哥伦比亚大学物理学系，多位诺贝尔奖获得者对他的评价是"你学会了最重要的事情——如何选择问题"。❶

---

❶　三浦贤一，《诺贝尔奖的思考》，朝日选书 279 期，朝日新闻社，1985 年。

阿诺·彭亚斯 　　　　丁肇中

但是，这并不意味着大学或研究所一定能成为孵化器。我们一般**不敢奢望**那种理想的环境。

首要的一点是能进行有意义的知识交流的人并不是很多。即便有，也只有实现双向交流才可以。有能力的人没有时间去做单方面的家庭教师，所以不能只有一方受益，必须要为对方做出贡献。这就要求成员的知识水平大致相同，这种状况极少能够实现。

我们因此需要退而求其次寻找其他的支持系统，即使它不是那么完美。这将在下一节中进行论述。

要点　　作为创造新想法的孵化器，智者同聚一堂至关重要。但是，并非所有人都能拥有这种环境。

剑桥的知识精英

在欧洲，经常在大学周围成立具有**排他性的知识团体**。从 18 世纪后期到 19 世纪前期，牛津大学和剑桥大学召开了多次此类秘密集会，成员们在集会上发表论文并研讨至深夜。

1820 年在剑桥创建的"**使徒会**"就是其中之一，从 19 世纪末到20 世纪30 年代左右，它聚集了 G.E.摩尔、伯特兰·罗素、约翰·梅纳德·凯恩斯、路德维格·维特根斯坦以及弗兰克·拉姆齐等精英。[1]

伯特兰·罗素　　路德维格·维特根斯坦　　戴维·赫伯特·劳伦斯

1914 年左右，居住在伦敦布卢姆斯伯里区的艺术家们发起成立了"**布卢姆斯伯里集团**"。凯恩斯和使徒会的其他成员也聚集于此，集团成员的思想强烈地影响了凯恩斯的经济学理论。

但是，外部如何评价这种排他的精英主义则另当别论。**戴维·赫伯特·劳伦斯**对布卢姆斯伯里成员极度厌恶，尤其是对凯恩斯。

[1] 理查德·迪肯（桥口稔译），《剑桥精英》，晶文社，1988 年。

3　与书籍对话

●最优秀的对话伙伴

找到帮我们阅读草稿的人并不容易，书籍以及论文的**文献**可以成为替代办法。如若阅读到位，则能实现**与作者的讨论**。我们可以将阅读作为对话伙伴，书籍可替代**理想孵化器**。

书籍富有启迪性。工作遇到瓶颈时读一下可能会找到解决方案。并不是书中内容直接给出了答案，而是我们受到启发找到了答案，抑或发现可以从其他角度探究问题。从这个意义上来说，阅读是成就思考的一种非常重要的方法。

我们经常感叹"还有这样的观点""这个问题也很重要"，抑或书中内容拓展了想法，使我们收获了新的想法，这种事情也比比皆是。在某些情况下，原来的思考方式还有可能被完全颠覆。

阅读是**任何人都可以做的事情**。它不同于之前所说的与活生生的人打交道的方法，对方也不仅限于在世的人。与历史上最聪明的人对话，这是一件美好的事。

自不必说这归功于**印刷技术**。且印刷成本降低，使得任何人都可以轻松地获得书籍。我们应该最大限度地利用好这一馈赠。

但也有人提出了与之**相反的意见**。叔本华指出："真理和生命只停留在自己的基本思想中。""从书本上读到的别人的思想只是别人吃剩下的残羹剩饭，只是别人穿旧的衣服。""读书只是思想的替代品。""对于那些总是试图自己产生成熟想法的尝试，

阅读是最无益的。""阅读是让别人去思考。""读书时掌握一些不读也无妨的技巧很重要。"❶

的确我们应该听取这些意见，但我们是**通过阅读得知这些意见的**。

阿图尔·叔本华

要点

读书是与作者对话，每个人都可以做到。它跟与活生生的人对话不同。

●持有问题意识与书籍争论

漫无目的地阅读无济于事。

多数人以学习的态度来读书，特别是阅读教科书或提升修养

---

❶ 叔本华（齐藤忍随译），收录于《思索》和《关于读书的其他两篇》，岩波文库，1960 年。

的书籍时更是如此。但是我们在这里所说的读书不是被动地读，而是主动地、积极地读，与书对话。夸张地说，就是与书斗争。

为此，读书时必须具有**问题意识**。若读者头脑空白是不行的。

例如，为检验自己的想法而读书时，要阅读那些在该主题上与自己持有不同意见的作者的书，然后进行反驳和讨论："这错了吧？因为……"

读书时，受其影响头脑中会出现各种各样的想法。可以将头脑中浮现出来以及思考到的东西记录下来，也可以用自己的语言重新描述作者的主张，写在书的空白处即可。如果是个人藏书，书本上干干净净的没有任何意义。不要犹豫，大胆地画下划线、做笔记吧。

要点
　　不是被动地阅读，主动地阅读才能实现对话。其前提条件是带着问题去阅读。

●从图书馆藏书批注中得到启发而去思考

许多研究者在读书时有做批注的习惯，大学图书馆的藏书中很多都被做了批注，证明了这一点。

自不必说图书馆有"禁止在书中做批注"的规定。但很多时候恰如其分的批注会成为之后读者读书的正确指南。我自己就曾受益匪浅。

我在美国的研究生院学习时发现它特别有用。上课时老师会分发"阅读任务"，列出学生们应当阅读的文献。但一些老师列出了数本阅读资料，一周之内不可能有那么大的阅读量。那时候，我读书时首先从侧面看，然后阅读因手垢而发黑的部分。没有时间时我仅浏览页面中带下划线的部分，这样可以了解"书中大概内容"，比完全不读强多了。也就是说，**图书馆的书籍**即便里面干干净净的没有被做批注，它**也提供了有用信息**。

皮埃尔·德·费马也在藏书的空白处做了"**费马大定理**"的批注。❶ 这个批注提出了数学史上最难的问题。

皮埃尔·德·费马

顺便提一下，在纸质书上比较容易做批注，在电子书上则很难。

---

❶ 这本书不是图书馆的馆藏书，而是他的私人藏书。他在希腊数学家**迪奥范特斯**的著作翻译版本上用拉丁语写道："我证明了定理，但因空间有限无法写下证明。"费马不是专业的数学家，他是法官，还是图卢兹国会的顾问。普林斯顿大学的威尔士于1995年完成了费马"在空白处写不下"的证明，仅正文就达150页。

电子书的确具有诸多优势，但它不怎么能给人留有很深的智力印象，难以做批注是其中的原因之一吧。

要点　　禁止在图书馆藏书中做批注，但实际上这些批注很多时候成为后来读者的阅读指南。

第 4 章小结

1. 头脑风暴是创造新想法的有效方法。它必须集聚**高质量的参与者**。请别人帮忙阅读半成品的草稿也有益于思考，但不容易找到这样的伙伴。

2. 智者同聚一堂是理想的思考环境。但在现实中很难创办这样的聚会，日本缺乏创办此种聚会的知识性传统。

3. 带着问题的**主动阅读**是任何人都可以实现的对话机会。

思考能力训练 4

逆向思考

　　亨利·福特设计出了"流水作业"方式，它颠覆了之前汽车组装工作中产品不动工人动的情形，实现了产品动工人不动。阿尔弗雷德·斯隆颠覆了传统的"先买车后开车"的方式，开创了"先开车后买车"，使通用汽车免于破产危机。

　　反向抵押贷款（通常房屋抵押贷款中贷款时间越长贷款余额越少，反向抵押贷款与此相反，贷款时间增加贷款余额反而增加）和反向拍卖（与通常拍卖方式相反，由买方出具条件）都是逆向思维产生的经济交易方式。

亨利·福特

阿尔弗雷德·斯隆

像去了镜子之国的爱丽丝一样，"反向看世界"可能会开创新的商业模式。这可以说是一种"拉不动就用推"的方法。我们可以模仿福特和斯隆，尝试逆向思考所能想到的一切。

但这未必总会成功。我们举一个著名的失败案例。将客机中面向前摆放的座席面向后摆放，在事故发生时能极大提升生存率。但实际中座席面向后的客机会被乘客认为是"不得已这样做的危险飞机"。

第 5 章

AI 时代的超级思考法

AI 模式识别功能的改进与数据云存储的出现，使之前不可能的事情变为现实。我们接下来思考如何将这些技术运用于个人思考活动中。

1 用语音输入做笔记

●期盼已久的技术已实际可用

笔记是思考活动中非常重要的一个工具。

但是在以前做笔记绝不是一件简单的事情。

笔记本不一定总在手头上，即便在，记录下来也不容易。

因此我们会选择仅记录重要事项，或稍后将想法汇总后再做记录。但这样自己会忘记想法。为避免错过，**将所思所想立马记录下来非常重要**。

另外在过去即使做了记录，也经常发生**笔记本不知去向**的情况。以防丢失，需要花费一番工夫将记录在笔记本上的内容转录到 PC（个人电脑）上，这绝非易事。

但是，近几年记录条件发生了很大变化。**任何人都可以使用 AI 的语音识别功能在智能手机上轻松做笔记**。对着智能手机说话，语音瞬间就可转换为文本字符。

因智能手机可随时随处使用，所以现在可以随时随地记下所思所想，且笔记不会丢失。

上述所有笔记问题通过音频笔记都可以得到解决。

此外，如今使用智能手机可轻松拍照，即使笔记记在了纸上，拍照保存下来也不会丢失。

这样，创建新的笔记系统成为可能。

要点

笔记非常重要，但之前存在着丢失等问题。使用智能手机的语音输入功能可以解决这一问题。

● AI 模式识别技术成果

语音识别功能是我期盼已久的梦想中的技术。在 20 世纪 90 年代，开发出了用于台式电脑的语音识别软件。当时我立马进行了尝试，但遗憾的是它根本无法进行实际使用。从那以后直到最近我放弃了语音输入，认为它是不可能的。

最近 AI 的模式识别技术使语音输入成为可能。过去精确度极低的语音识别功能现在终于进入了实用阶段。

梦想中的尖端技术如此方便，还供我们免费任意使用，真是令人惊讶。

语音输入仍是一项不成熟的技术，它还存在许多不足之处。虽说它的识别能力并不那么完美，尤其是涉及专业用语时会出现较多的转换错误。但对普通用语具有相当强的识别能力，无论语速有多快，它都可以识别出来。

毫无疑问，这项技术正在以惊人的速度发展着，它将对我们的社会产生巨大的影响。

要点

　　AI 模式识别功能使梦想中的语音输入技术成为可能。

●随时随地可轻松做笔记

　　如第 3 章第 3 节中所述，头脑中浮现出想法的地方通常不是在办公桌上，而是离办公桌稍远的地方。也就是**不方便用传统方式做笔记**的地方。

　　现在我们可以通过智能手机进行语音输入，轻松地将在这些地方产生的想法记录下来，这种变化是巨大的。

　　需特别强调的是：现在在某种程度上我们甚至可以捕捉到睡觉时浮现出来的想法。

　　如第 3 章所述，人们经常会在**睡觉时浮现出新的想法**。但是之前无法做笔记。我们经常经历这样的事情："睡着时脑海中浮现出了一个好想法，但是因做笔记很麻烦就没有记下来，第二天早上只记得曾经想出了一个好想法，却根本记不起来是什么样的好想法了。"

　　但若使用语音输入方法，躺在床上也可以做笔记，这样我们就不会错失这些想法了。这也是一个巨大的变化。

要点

　　使用智能手机可简单地进行语音输入，所以我们能够随时随地记录笔记，不会错失那些重要的想法。

●制作"超级"记事本

但是做笔记变得简单之后笔记数量会暴增，管理它们成为一个问题。即使我们试图从大量储存的笔记中删除那些不必要的，只保留重要的，也根本无法追上笔记增加的速度。

这样将会出现一个问题："笔记做了并保存了，却找不出来。"如何解决这个问题成为 AI 时代思考活动中的重要问题。

实际上数字信息可无限量存储，它没有存储容量的限制。因此我们必须将思考方针转变为**"是检索而不是删除"**。

然后，努力构建一个能搜索关键词（标签）的系统，以便从大量的备忘录中立即检索到所需的笔记。最终将建成一个这样的笔记系统：**"它可无限量保存，并在需要时立马被找到"**，可以称之为"超级"记事本。

要点　在智能手机上记录大量笔记的问题在于以后无法检索出必要信息。"超级"记事本解决了这个问题。

2　使用数据库进行思考

●从网络中提取思考素材

如第 4 章所述，头脑风暴是进行思考最有效的方法。但是，问题在于很难找到合适的人；即使找到了，有才能的人也都很忙碌，很难做到在他方便时来配合我们。

但我们可以将书籍作为合作伙伴，来获得与头脑风暴相似的效果（这在第4章第3节中进行了讨论）。现在我们可以使用IT手段进一步拓展和完成此项工作。

这就是**"搜索数据库并从中提取想法素材"**。使用搜索功能可以从大量数据中提取出特定的数据，这一功能若能得到充分利用，我们将收获一台"思考机器"。

首要问题是使用什么样的数据库。首先可以考虑的是网络本身这个数据库。

即在网上搜索。网站可随时搜索且简单易行，它比头脑风暴执行起来要容易得多。若进展顺利的话，可获得与头脑风暴相似的效果。

这是**与网站信息的"对话"**。我们可从中得到启发。当然它不像头脑风暴一样与人交流，但做得好的话也可获得相似的效果。

当我们想获得一些信息时，通常我们会选择在网上搜索。例如，我们会在网上查找"金融科技"一词的含义，或是了解有关金融科技现状的相关新闻。这种使用方法很重要自不必说，但我们这里所说的不是这种使用方法。

要点

通过搜索网络的对话式方法可以获得与头脑风暴相似的效果。

●困顿于稿件主题时

我们举一个例子。当我们遇到这种情况："与某杂志约好写一篇稿子，但临近截止日期仍没找到合适的题目。"这个时候我们可以选择在网上进行搜索。

我们可执行诸如合并搜索之类的各种逻辑搜索，非常复杂的搜索也可实现。

例如，当我们思考"如何使用 AI 功能进行思考"时，搜索诸如"AI"、"思考"和"想法"之类的关键词，可能会找到与该主题相关的有用信息，也可能会受到启发产生新的想法。即使没有找到直接信息，我们也可以获得新的视角来思考这一问题。

又或者可针对检索到的文章提出相反的意见，这样也能够拓展自己的思维逻辑。

这种方法虽尚不完善，但我们将网络搜索当作思考机器来使用了。

也许我们通过这种方法可以找到新的想法或途径。尝试对关键词进行各种组合，可能会获得新的想法，也可能会获得意想不到的智慧发现。

实际上网络上有各种各样的信息，我们不确定原载信息是否有价值，我们也不确定能否找到真正有价值的内容，但这可能会让我们收获意外的发现。

此外，我们即使提取到了合适的文章，也不能将其全盘引入论文当中。但合适的文章有时会给我们以启示。

的确，上述方法具有非常有趣的可能性——充满了潜在的可能性，又未被充分讨论。

我们将在下面探讨如何进一步拓展这些方法。

要点　　搜索网络可以掌握一些思考线索。对网站的对话式搜索可被用作思考机器。

●凝练搜索目标

网络上的文本质量得不到保证，未必能轻松地搜索出高质量的内容。

第 4 章中我们提到的纸质书籍，其质量在一定程度上可以得到确保，但主要问题在于它无法进行搜索。

因而我们在搜索网络资料时需要凝练搜索目标。

例如，如果执行与报纸名称合并搜索的话，目标只限于报纸报道。也可将搜索目标限定为报告、年报等。也有研究人员开设了专门的网站。

另外，Twitter（推特）等社交媒体上可追踪关注特定人员，这也是人们常推荐的。但是这些方法也太被动了吧。而且我不认为在像 Twitter 这样的短文章中能获得有用的想法素材。

互联网上还提供了许多优质的数据库。例如，对莎士比亚和《圣经》的所有内容可以通过关键词来搜索，且服务是免费的。在莎士比亚的网站上搜索"婚姻"一词，莎士比亚所撰写的所有与婚姻相关的文章都会显示出来。使用这种方法可以获得有用的信息。

威廉·莎士比亚

要点　　　网站中低质量信息较多，因此凝练搜索目标很重要。

●局限与问题之处

但是网络本身作为获取想法的数据库其功能有限。

网络最初的创建目的不是获取想法，因而我们不能期望获得可靠的结果。网络中的文章旨在传达信息，从中获取想法是意料之外的用途。

此外，"搜索"的目的是找出合适的内容，而此处所述的"搜索相关问题并将其用于思考"也是意料之外的用途。

我们必须做好准备：即使为寻找想法进行了检索，很有可能会徒劳无获，也很有可能"搜索出来了大量结果，但都令人失望"。

因而**不可持有过高的期待**。

另外，搜索技术还需进一步发展才能使这些方法切实可行。在当前的搜索引擎中，比如执行"AI"和"想法"合并搜索，极有可能提取到的不是"使用 AI 产生想法的方法"，而是"设计 AI 的想法"。

要想仅提取出跟前者相关的内容，需要搜索引擎理解句子含义，这就需要人工智能功能（需要执行"语义搜索"而不是"语法搜索"）。开发此类功能并非易事，但也不是不可能，技术的进步终会使这些方法成为现实。

要点　　　　当前的搜索中存在语义搜索不完善的问题，将来会得到改善。

3　创建自己的想法数据库

●创建自用的报纸报道数据库

以上所述内容是将现有的网络文章用作数据库并进行搜索。

但这个数据库是网络资料的成品，正如上面所述，它未必是有效的。

因此，我们考虑对上面的系统加以改进：**创建与自己的问题意识相匹配的数据库**。

首先我们可以考虑创建一个报纸报道的数据库。

自古就有许多人使用剪报的方式获得想法素材。借助 AI 技术后，此方法做起来比以前容易很多。

那就是仅保存报纸报道的标题。因为只要成为网络版的付费会员，就可以在网上找到报道正文。

新闻标题是自己感兴趣的，所以创建的是拥有自己问题意识的清单。

具体来说，就是在阅读报纸时**用语音输入一些日后可能会用到的报道**。将其记录在上述"超级"记事本中，以后可根据需要进行搜索。

报纸与书籍相比，种类繁多、信息多样。书籍仅记载一些在某种程度上已确立的理论或事实，但报纸会刊登一些尚有争议的想法或者个人见解。通常后者对思考更有用。

输入关键词并查看相关报道，可能会找到有趣的信息。

在寻找小论文的主题时，输入恰当的关键词，对提取到的新闻报道进行阅读，可拓展思维。例如，搜索"教育"，从提取到的报道中可能会发现"区域差异"的问题；搜索"继承税"，从提取到的报道中可能会发现中小企业机构改革的问题。

有时我们会认为与报道相反的内容是正确的，从批判中也能得到思考。

要点　报纸报道的数据库中包含各种各样的信息，很多时候它对思考有用。

●创建自己的想法备忘录

如上所述，无论是网络文章还是报纸报道，都是别人提供的信息。

与此相反，我们可以创建自己的想法数据库。

这些想法不一定是系统的、具有逻辑上一致性的，它可以是一些"思考片段"。有时甚至想法与想法之间尚不能很好地连贯起来，还存在着冲突。

但是，我们若能很好地将这些集合在一起的片段贯穿起来的话，可能会产生出卓越的想法。

这类似于上面所述的网络搜索方法，但它存储的不是一般信息而是自己的想法，因此它对思考更有效。

要想将思考片段毫无遗漏地记录下来，需要准备一个高效的备忘录系统。前面提到的"超级"记事本就是理想的工具。

需要想法的时候，搜索一下这个记事本，将从中获得的信息作为素材对想法加以拓展即可。

要点

> 将思考片段记录到"超级"记事本中，它将成为想法数据库。

●将自己写过的文本制作成数据库

在写文章时，自己过去写过的文本是非常重要的参考资料。

例如，当撰写有关思考问题的文章时，搜索一下诸如"思考""创造""想法"之类的关键词，就可检索出过去撰写的有关这一主题的文本文件。阅读它们可以清晰地了解之前自己对这一问题的看法，又或者可使自己记起已忘却的论点。由于过去的文本是在各种背景下撰写出来的，因此阅读它们可能会有意外的发现。

我们可以以此为起点，进一步推动思考。比如提出一个论点并加以拓展，或者从相反的角度去思考它。仿佛在批判别人的论文一样，提出自己文章存在的问题并加以批判，这样可能会产生之前想不到的想法。

但是，要使用这种方法，**必须拥有大量的**自己写过的**文本资料并可进行搜索**，否则不会有意外的发现。就我而言，我的电子文档已经保存了 20 多年之久，我可以将其用作数据库了。

要点

　　将过去写过的文本作为数据库并加以检索，能够找到思考的线索。

4　AI 能够产生想法吗

● AI 可以在没有人类参与的情况下进行思考吗

上面我们论述了如何使用数据库进行思考。

我们之前所论述的都是"人类借助计算机进行思考"，思考的主体说到底还是人类。即使我们使用现成的网络资料数据库，也必须由人类提供关键词组合进行检索。

但"AI 得到发展后，计算机能否像人类一样思考呢？"这是一个非常有趣的问题。

直到最近它还只出现在科幻小说的世界里。但随着 AI 的发展，它已不再是科幻世界里的场景。

实际上最近 AI 已经能够做写文章、创建电影场景等工作。

例如，现实中这种服务已可用：将数据提供给 AI，由 AI 来传递新闻、报道体育或者公司决算之类的信息。还有网站提供就给定的主题撰写相关文章的服务，该服务个人也可以使用。此外 AI 甚至还能够创建广告标语。

但是这与我们此处所提出的系统不同。

AI 在生成新闻报道时，仅能够按照所提供的数据创建固定的文章，**它不可能提出新的想法或新的观点**。

就给出的主题写文章的服务也只是查找与该主题相关的网上文章，对其进行删减组合而已。

这些服务的目的不是提出新想法，而是创建大量文本以增加网站的访问量。

要点　AI 已逐渐可以撰写文章、产生想法。

●难以想象没有人类参与的思考活动

如上所述，AI 在写文章时必须由人类给出主题。但这是现在的情况，将来 AI 很有可能发展到无须人类干预自行搜索主题。

实际上在技术领域，AI 已经可以开展更先进的创造活动。这就是**"材料信息学"**。由 AI 来开发新材料，据报道它已经取得了一些重大成果。

但是，当前 AI 所做的是尝试不同的可能组合。它与第 1 章第 1 节中提到的**"让猴子敲打打字机键盘"**基本相同。

在第 7 章中我们反对以机械方式进行思考。顺便提一下，AI 当前所使用的方法本质上与第 7 章将要阐述的机械方法相同。

当然两者之间也有区别。首先，计算机的处理速度比人类快得多，它可以在短时间内处理许多组合。其次，计算机不是均等地对待所有组合，而是基于数据重点处理那些成功可能性较高的组合。

即便如此，"任意组合"的数量极其庞大，这种规模是量子计算机无论多么先进都无法处理的。

在第 1 章中，我们用直觉、审美感等来表达思考中最为重要的东西。尽管它不是一个定义明确的概念，但我们认为它在思考中具有根本性作用。

只有 AI 拥有了这种能力，没有人类参与的全自动思考机器才会出现。

要点

在原理上 AI 的思考方法与人类相同，但 AI 不具有直觉，因此它很难提出新的想法。

第 5 章小结

1. 从本质上讲**笔记**是思考的重要工具。现在借助改进的 **AI 语音识别**功能，可以通过智能手机**输入语音**来做笔记。若能创建一个良好的关键词系统，则可以构建成"**超级**"记事本，无论它的存储量有多大，都可以瞬间从中提取出关键词。

2. 通过**搜索数据库**可以获得与头脑风暴相似的效果。我们可以将网络信息用作数据库。

3. 创建**自用数据库**效率会更高。我们可以将新闻报道的标题、自己写过的文本资料建成数据库。另外我们还可以将自己的想法数据库制作成"**超级**"记事本。

4. 现在 AI 已经可以写文章了。但全自动的思考机器不太可能出现。

思考能力训练 5

尝试提取两个要素并以矩阵形式排列

　　世界上的国家可被区分为"发达国家"和"发展中国家"两类，以及"多党制国家"和"一党制国家"两类。许多发达国家是多党制国家（多个政党间进行政权交替的国家），许多发展中国家是一党制国家，其中也有一党制的发达国家。

　　通信媒体可被区分为"未指定多数"和"特定目标"两类，以及"单向"和"双向"两类。一直以来，面向不指定多数的媒体是单向的，例如收音机；而面向特定对象的媒体是双向的，例如电话。互联网是面向不特定的多数人进行的双向通信，从这个意义上来说它是前所未有的事物。

　　如此，提取出两个表征对象特点的要素，用 2×2 矩阵对其组合加以思考。将要素分别填入四个方块中，从中我们可能会获得想法，特别是出现空白栏时获得想法的可能性更大。

第 6 章

思考的敌人

在以上各章中我们阐述了如何思考。在第 6 章和第 7 章中我们将指出**阻碍思考**的想法和环境。

我们在这里阐述的是我们自身或者周围极为常见的生活态度或者思考方式。思考的敌人是它们，而不是通常所说的"**模仿**"。要想产生新的想法，首先必须根治它们。

1 拒绝思考的人们（一）

●权势主义、权威主义附身的狐假虎威者

阻碍思考的第一个要素在于个人。其中最厉害的是**权势主义、权威主义**（权势主义是指官场上唯权至上）。

自己思想空虚，却傍着"**大事物**""大人物"来夸大自己，即"狐假虎威"。

犯这种毛病的典型人群多见于**学者**（更确切地说是伪学者）。他们所写的东西，无须阅读内容，仅靠形式标准就可辨真伪。下面我们来介绍如何辨别。

第一，没有实质性内容，**引用**却格外的多。"根据马克思""根据凯恩斯""根据哈耶克"……有些论文就是引用的合集。就经济学而言，文章不是解释经济活动的理论，而是"**经济学之学**"，全程只是在重复经济学家（通常是欧美人）之言。

这样的文章可以被称为"**狐假虎威之文**"。推崇狐假虎威之

文未必是日本的特殊情况。但因日本一是岛国，二与外国的语言差异极其显著，崇尚国外权威的狐狸们更容易骄奢跋扈。

第二，不会出现第一人称，诸如"**我认为**……""**我的意见是**……"之类的。相反，必定使用"**人们说**……""**学术界大多认为**……"，或者是诸如"**众所周知**……""**人们很久就已提出**……"等等。使用这些表达是因为他们没有自己要阐述的观点。反之，用"我……"来表述的论文多是可信的。

第三，将简单的内容复杂化。他们的文章结构复杂，只读一遍是无法理解的。为防止暴露出文章内容匮乏，必须建构起一堵难以理解的墙，让人难以靠近。它进一步演化，以至于让人们误认为难以理解的才是重要的。真正优秀的作品会迫切地想让大家理解，它们会采用单刀直入的方式。

权威主义者多是新闻工作者。但他们若像学者一样写文章的话，估计无人阅读。有时仅靠文章形式无法辨别真伪。但因内容空虚，稍微阅读一下就会马上明白，且见面只需交谈五分钟，就会更加明了。他们对权威盲目顺从，对他人则持高压姿态。

持有这种观点的人不可能产生新的想法，他们拒绝思考。权势主义和权威主义是思考的最大敌人。

要点

尽管自己思想空虚，但试图依靠权威夸大自己——"权势主义"和"权威主义"是思考最大的敌人。许多学者被这种顽疾缠身。他们的文章仅是引用权威之辞，很容易就能辨别出来。

狐假虎威者的真实写照

（1）"现在在做部长的小××，我以前就认识他哦。前两天见到他，还给他提了建议，他很感谢我。"

（解说：很显然在那人面前他肯定不会称呼"小××"，"建议"实际上是奉承。）

（2）"那项法律是我作为审议会成员时制定的，排除万难才得以完成。"

（解说：世人皆知，审议会成员只不过是官僚傀儡。他本人被操纵却不自知）。

（3）"在经济学中……""在美国……""在法国……"

（解说：连声呼喊"出羽"的狐狸一族被称为出羽国的狼狐。自己连声呼喊"出羽、出羽"后，就自我感觉冲上云霄，能俯视众生了。这些人犹如出羽国的狼狐。在学术界做此种引用的绝大多数是经济学。有趣的是，我没有听到过"在数学中""在物理学中"这样的表达。）

（4）当"狐假虎威"病入膏肓后，自己的躯体就真正变为空壳。我曾经在某次研讨会中听过某位知名学者门徒的演讲。无论是举止还是言谈，与那位大家如出一辙。这让我哑口无言，全身冒冷汗。这人一生都将是那位大家的模仿者（虽然也还可以，但只是模仿），永远不会创造出任何新东西。

●模仿性创造与权威主义之间的艰难平衡

如第 2 章第 2 节所述，学习前人业绩、**模仿**前辈，对于创造来说不可或缺。它作为"素材"是必需的，但权威主义和权势主义暗藏其中。

模仿性创造与盲从于权威是截然不同的。它们在意图上也有本质的区别。模仿性创造其出发点是模仿，目标是创造，脱离模仿是其最终目标。与此相反，崇尚权威主义的人则完全没有创造的欲望。

然而，现实中很难恰当地平衡好模仿和创造。实际上很多时候两者之间的区别如"一纸之隔"。这种平衡是创造性工作中最重要的一点。

在《论语·为政》中有这样的教导："学而不思则罔，思而不学则殆。"让我们谨记心中，永不忘记。

要点

模仿性创造与权威主义截然不同，但它们如"一纸之隔"。恰当地平衡好模仿和创造非常重要。

●拒绝异质事物与对新事物的同仇敌忾

日本是一个岛国，生活的多是**同质**的人，排除异质事物成为主流思想。但这对思考最为不利。因为新事物产生于"**异质事物的组合**"。

在征求意见时，最有效的方法是从持有不同意见的人那里获取意见。讨论时必须尽可能地让持有不同想法的人参与其中，但这在日本社会实现起来相当困难。因为许多日本人讨厌被批判，甚至在受到批判时认为人格被全盘否定。

排除异质事物也与攘夷思想有关。拒绝英语，以及反抗"盎格鲁 - 撒克逊的统治"也源于同样的想法。

对新技术的同仇敌忾也产生于相似的心态。

我们并非主张对任何新事物都热烈欢迎，也并非否定传统的价值。但是，如果我们仅仅因为新事物是"新的"就拒绝它们，那无异于拒绝进步。

要点　　排除异质事物也是思考的敌人。这也会导致人们拒绝国外事物或对新技术同仇敌忾。

不被社会接受的伟大发明

自古就有拒绝接受新产品的例子。

雷明顿公司在 1874 年制造出了一台现代打字机的原型设备，历经十多年之久，它仍未被美国社会所接受。原因是人们认为"打字信件很粗鲁"（请注意并非是因为打字员人数少）。得克萨斯州的一家保险代理店还因使用打字信件受到顾客的投诉。

在摄影术发明之初，摄影使用的玻璃感光板重到能压断人的脊柱，而且易碎。伊士曼·柯达公司发明了纸片冲洗，掀起了一场革命性的变化。但对此《英国摄影杂志》在1880 年刊登出了如下内容：

"最先进的现成感光板剥夺了拍照带来的所有乐趣。相片下一步可能也要向商店订购制作，太可悲了，想想都觉得讨厌。" ❶

这种态度实际上是可以理解的。因为我自己也有过类似的观点。最近的望远镜——即便是业余使用的望远镜，都由计算机来控制，人们只需按一下按钮就可以看到目标天体。但我小时候是费尽周折才能找到星云和星团。它剥夺了我"发现目标天体"的欣喜，因而我对这一技术根本无法适应，最先进的设备在使用了一段时间后也被束之高阁了。我现在研究天体时仍然星图不离手。

2 拒绝思考的人们（二）

●臆想

"臆想"和"先入为主观念"意味着对与事实相反的思想深信不疑，甚至就没打算去怀疑。

我举一个让我多年来深陷其中的"臆想"例子。

美国的加利福尼亚州有许多西班牙语地名，例如圣地亚哥和圣芭芭拉。因为南加利福尼亚州有许多古老的天主教教会，所以

---

❶　艾拉·弗莱托（西尾操子译），《哦，发明了它！》，ASCII 出版局，1998 年。

很长一段时间以来我一直深信这些地名一定是开拓这片土地的传教士的名字。

　　但是这个想法是错误的。这些实际上是"日期"。在罗马天主教日历中，日期的命名如下：

　　圣地亚哥（圣迪达奇节）　　11 月 12 日

　　圣卡塔琳娜（圣凯瑟琳节）　11 月 25 日

　　圣佩德罗（圣彼得节）　　　11 月 26 日

　　圣芭芭拉（圣芭芭拉节）　　12 月 4 日

　　普里西马康塞普西翁（圣母受孕日）　12 月 8 日

　　我们查一下加利福尼亚州的地图，就会发现这些名字从南到北沿海岸线整齐地排列着。西班牙探险家**塞巴斯蒂安·维泽凯诺**沿加利福尼亚海岸从南向北航行时，他将特征明显的地形以发现之日进行了命名。

　　这个故事出现在**默里·盖尔曼**的著作《**夸克和美洲豹**》一书中。在没读到这本书之前，我对自己创造的"传教士理论"毫不质疑。

塞巴斯蒂安·维泽凯诺

很显然，仅思考一下地名中有女性名字这一点，就会发现"传教士理论"很荒谬。但是这个疑问止步于我的潜意识，没有促使我进一步深入思考。"臆想"就是如此，对某事稍有疑惑，却又把这种疑惑压制下来并加以抹杀。

如果我能仔细地查看地名并对此有足够认识的话，可能会从臆想中脱离出来。例如，康塞普西翁（Concepción）岬角。"concepción＝受孕"，它不可能是传教士的名字。如果我对天主教日历足够了解，就应该会想到这是日期。简而言之，**仔细的观察和广博的知识**才能让思维从臆想中脱离出来。

通常"臆想"皆是如此。人之所以被囚禁于臆想中，是因为我们懈怠了，没有进行仔细的观察，并且没有充足的知识储备。

也有人类被长期囚禁于"臆想"的例子。其中的典型代表就是"**天动说**"。没有人真正感觉到地面在移动，因此认为天动说是理所当然的。但是，如果对行星在天球上的复杂运动有所质疑的话，就有可能从"天动说"的理论中脱离出来。这一疑问被压制下来源于更加**根源性的臆想**，那就是"人类必须处于宇宙的中心"。

有时错误的臆想会导致对经济现象严重误解。例如，许多人认为"市场经济允许一切"。但是，市场经济只有遵守强有力的伦理观念和规则才能成立。至今世界上也没有多少国家可以实现市场经济。

又如许多人认为"合并能使公司做大做强"。这种臆想现在仍存在于日本经济界中。然而"大即强"是大和号战舰的思想。

之后虽已历经近80年，日本人仍未从追求"大"的执念中摆脱出来。

陷入"臆想"或"先入为主观念"的人会在不知不觉中与思考渐行渐远。可怕的是这种变化是在无意识中形成的。

要点

　　那些怠于仔细观察又没有足够知识储备的人更容易陷入臆想中。

●不要相信简单分类

臆想产生的根本原因在于错误的"模型"。这里所讲的"模型"是指为理解事物所设置的框架（请参阅第2章第3节）。上面所列举的"传教士神话"和"天动说"等就是这样的例子。这些是错误的模型，正确的模型分别是"发现日期"和"地动说"。

"分类"是模式之一。恰当的分类是了解世界的有力工具。但是，深信错误的分类并试图用其衡量一切，就会陷入"臆想"中。

典型的错误分类例子是"**文科生、理科生**"的分类。人们从中产生如下"臆想"："因为是文科生，所以理所当然不明白数学""因为是文科生，所以不会用电脑""因为是理科生，所以英语不好""因为是理科生，所以不擅长用人"等等（请注意这些问题的结论都是负面的，可以说这种逻辑是在寻找借口）。

要点

　　深信错误的分类也是一种臆想。

面对凭臆想对人进行分类的采访者时……

因我以横向的方式涉足日本的纵向社会，所以从简单的分类臆断思想来看，我似乎是一个不可理解的人。当采访者是深信这种模型的人时，或听到他们这样介绍我时，我会选择闭口不言。下面我举几个例子。

（1）"您是工科出身却就职于大藏省❶。这是一种独特的履历啊。"

此人的思维模型：进入大藏省的应是法学院出身。

我的观点：我接受工科教育只有两年时间，之后我还要活将近 60 年。为什么您要如此拘泥于这 2/60 的时间呢？

（2）"您虽来自大藏省，但思维很灵活啊。"

此人的思维模型：大藏省的所有人头脑都如同石头一样僵硬。

我的观点：您的头脑更僵硬啊……

（3）"您在各种公职中饶有成就啊。"

此人的思维模型：要想有所成就必须担任审议会委员，仅在私营公司工作是不行的。

我的观点：这种臆想催生了官尊民卑思想。

（4）"您在整理方法方面是权威，但实验室不太整洁啊。"

---

❶　大藏省，日本中央政府财政机关，2001 年改制为财务省和金融厅。——编者注

> 此人的思维模型：整理方法应是整理一切的万能方法。
>
> 我的主张：超级整理方法的整理目标仅限文档类。我应在书中特别强调"本方法不适用于整理房间"。

●自以为是和虚假的独创性

在"深信错误模型"这一点上，"自以为是"与臆想相似。但是，这种"错误"没有臆想所犯的错误那么简单，它通常是知识水平较高的人犯的错误。他们打算自己一直思考下去，永不停止。

但实际上，这种态度也是思考的敌人。因为结论就是错误的。即使让自以为是的人看到反面论证，他们也不会轻易改变信念。

自以为是通常是由于缺乏研究或信息获取不足。虚假的独创性也多源于这个原因。或者是道听途说，自己对其进行了添油加醋。他们卖弄博弈论或复杂系统等概念，门外汉却看似专家一样，这让人很为难。也有人陷入被害妄想症，偏执地认为自己的主张和"重大发现"没有被"学术界承认"，而大费笔墨。甚至有的文章还被堂而皇之地发表出来。我每次见到这种文章，都迫切希望编辑们能再提高一下辨别能力。

普通人碰到"大爆炸理论是错误的"这种层次的"大发现"时很难判断真伪。还有像"常温核聚变"这样的"重大发现"，至今尚无真伪定论。

要点

自以为是或虚假的独创性源于缺乏研究和信息获取不足。

采访总结请求

在采访中颇费周折的是修改总结词草稿中出现的奇怪表达（多是行业术语）。修改一个小时的采访草稿可能需要花费我两个多小时。这样还不如从一开始就自己写来得快。

因此，我开始制作禁忌语合集交给他们。当然我不会写明这些是"禁忌"，说它是"采访总结请求"。该列表中列举了包括诸如"共生、能人、卓越、进一步、相互接触、生活方式"之类的词语。

3　逃避思考的人们

●缺乏自信

许多人试图**逃避**思考这种智力活动。这些人并非像前面所提到的人那样拒绝新事物，但他们也不去积极思考。

主要原因是**缺乏自信**。他们认为"我没有能力去思考和创造，而且我从未成功过"。

他们试图用这些"借口"来麻醉自己，从开始就放弃挑战。自始至终都选择放弃，消极对待一切。担心会因失败或批判遭到伤害，即使想法浮现出来了，也不会让它抛头露面。如此在不知不觉中发展为对自己**故步自封**。

这些人绝不会有动力去改变现状。不挑战当然就得不到结果，得不到结果就会变得越发消极，陷入这种**恶性循环**中不能自拔。

但是，许多人试图逃避思考的最大原因是他们**臆断**"思考就是独创"。但正如前面所述，思考或创造绝不是一部分人的专属，任何人都可以做到。重要的是要拥有"肯定可以"的自信心，将恶性循环转变成良性循环。从这个意义上说，这里的自信与前面所述的傲慢截然不同。

> **要点**　有人因缺乏自信拒绝思考。多是由于他们臆断"思考就是独创"。

●满足于"差不多"与墨守成规

有一个词——"差不多"，它表达的是**小市民的满足**感。整个社会在一定程度上实现富裕之后，越来越多的人就会陷入这种境地，"能够在社会的一角过着差不多的生活就心满意足了，也没有更多期待了"。

我们很难拽动这些人参与到创造活动中去。他们满足于现状，完全没有行动的欲望。

得到满足后，动力就会消退。只有身处困境才会有改革的动力。没有强烈的欲望就无法推动思考。

"哪些得到满足了？"这通常是一个相对性的判断。普鲁士国王预言铁路不会成功，他的理由是："从柏林到达波茨坦（柏林旁边的小镇），我们可以骑着自己的马花一天时间不花钱就能到达，虽说坐火车花一个小时就可到达，但没人会为此掏腰包。"❶

日本在未来发展中最令人担忧的是，年轻一代失去了不断追求的精神，满足于"差不多的生活"。这是现实中正逐渐滋生出来的危险因素。小时候任何想要的东西父母都会给买；入学考试时，查看偏差值后即可万无一失地实现升学……

"墨守成规"与此相似，它毫不怀疑地认为今天完全相同于昨天，且对此没有任何不满。对一切漠不关心，不加批判地接受一切。

墨守成规的情绪体现在着装和态度上。穿着拖鞋在办公室里走来走去，就餐后在众目睽睽之下用牙签剔牙，对破旧衣服心平气和，对邋遢的姿态也毫不在乎。当人们陷入这种无力状态时，就陷入了墨守成规的恶性循环当中。十年如一日，只是按时上班，按时回家。

可怕的是墨守成规的情绪会相互传染。当你周围有人陷入墨守成规的恶性循环当中时，可要当心了。

要点

陷入小市民的满足感或墨守成规的境地后，就失去了思考的动力。

---

❶　迈克尔·马哈尔科（齐藤勇监译），《创意玩具箱》，钻石社，1997 年。

4 扼杀想法的机构

●蔓延在大机构中的官僚作风

无论个人的创造力有多强，当他所属的**机构**思考风格萎靡时，个人能力也终究发挥不出来。长期待在拒绝新事物的机构中，终会将自己的勃勃生机消耗殆尽。

其中的典型代表是**官僚机构**，其中蔓延着**先入为主观念**，拒绝尝试新事物以及**形式主义**等思想，这种环境是阻碍思考的最恶劣的环境。

过去我在政府部门工作时曾经经历过这样的事情：去获取审批时却被告知"先听一下局长的意见吧"。意思是说局长说可以才可以。

但是，并非所有政府官员都是此种做派。据我观察，在地方及相关组织中官僚作风比在中央政府严重，且低层职员比干部人员严重，另外许多日本的大型公司（特别是传统行业的日本公司）**比政府机构严重**。

这些机构是何等地浪费日本人的创造潜力啊！如果这些能量得到释放，日本将发生巨大的变化。问题不在于个人能力，而在于抹杀它的社会制度。

机构领导者和管理者最重要的任务就是保护机构免受此类风气的侵蚀。

被先入为主观念和形式主义所毒害的官僚机构是阻碍思考的最恶劣的环境。

●先入为主观念和随大流思想

　　在许多大型机构中，依据**先入为主观念**和**随大流思想**进行决策。

　　如果有**先例**，议案将毫无问题地通过。自从先例被认可以来，无论条件如何变化，结果都不变。相反，新的议案不会被认可。因此，新的想法被葬送，惯性和惰性占据了主导地位。

　　当然，在零基础上更改一切是非常困难的。由于人类的判断能力有限，不得不在有限的范围内进行改变。**❶** 但问题在于本来是否有意愿去追求改变。

　　"**随大流**"也是一个有力的标准。如果同行皆如此，就可以放心地去做同样的事情。日本的主要报社都是原样刊载记者俱乐部的稿件，无论读哪家的都没有太大的区别。

　　当变化达到某种程度时，便会发生"**雪崩现象**"，所有报纸和杂志都会异口同声。这也是随大流的一种形式。

要点

　　大型机构的决策标准是先入为主观念和随大流思想，这表明他们缺乏变革的欲望。

---

　　❶　赫伯特·西蒙等人强调了人类判断能力的局限，并试图以此为基础来理解机构的行为。

●不允许失败的机构

日本的政府机关不允许发生**失败或判断错误**。因而不可能采取这样的行动方式："先尝试一下看看结果，不行的话再修改。"

在这种环境中，不可能试错，只能做**万无一失**的事情。"枪打出头鸟"，明哲保身是最重要的行动原则，如此就不可能有进步。形成这种局面，不仅应归责于官僚机构，新闻和政治也是重要的影响因素。

在美国，据说有80％的新成立的**风险投资公司**倒闭。但是它们还可以发起再次挑战。据说许多成功的风险投资公司都是历经三次挑战后才得以成功。

日本机构要想振兴，首先必须承认**失败者还可东山再起**。这是**机构高层**最为重要的职责。

另外还要容许试验、试错，并允许一定条件下的失败。至少应该对一些小失败持宽容态度。官僚机构就是因为不允许小的失败，在不知不觉中酿成了大的失败。如果做不到这些的话，机构则将发起**自治运动**，这是大势所趋。

在经历了快速增长并成功应对石油危机之后，日本大多数大型机构进入了**自治运动**阶段。世界在变化，技术在变化，但日本在自治运动上怠惰因循。平成❶时代的30年时间日本一直处于沉睡状态。这是自20世纪90年代到现在日本经济停滞不前的根本原因。

---

❶ 日本天皇明仁的年号，使用时间为1989—2019年。——编者注

要点

> 不允许失败的机构也不允许试错。这些机构开始发起自治运动。

●大学比政府机构更顽固不化

大学或研究所本来是为思考和创造成立的组织，但实际上这些机构是否真正履行了职责，仍是一个大的疑问。我曾履职大藏省和大学两个机构，在我的印象里大学在思维的灵活性上更弱一些。

公众一般认为，大藏省是保守主义和官僚主义的根据地。的确有些人官僚意识严重，但绝非每个人都如此，我的许多上司都思维灵活。

调入大学后我反倒发现很多人思想固执，这让我非常惊讶。权威主义、权势主义、形式主义和先入为主观念蔓延在大学中，特别是在人文社会科学院部，这些现象尤为明显。

这些部门召开的教授会议上所进行的讨论，堪称教科书级别的"场面话"。他们口中说着"争取学术自由"和"履行学者使命"这样的观点，但实际情况却截然不同。在形式与实际情况相背离这一点上，没有哪个组织比大学更严重了。

要点

> 权威主义、权势主义、形式主义和先入为主观念蔓延在大学中，比政府机关更为严重。

●自明治时代以来未发生变化的大学专业

在"追求学术自由"的逻辑下，专业构成不可能为适应社会需要而发生改变。高速发展时期通过增设新的专业进行应对，但是在低迷时期却无法废除那些陈旧的专业，因为这样的增减将侵害学术自由。

就这样重复着无限再生产过程。因此明治时代的专业设置保留至今。日本大学的现有专业构成适应的是明治时代的产业结构。

另一方面新的领域却很难被认可。例如在日本很多国立大学中尚未设置计算机科学专业。软件弱是日本的整体特征，不过大学的状况却超乎想象。

以前我所就职的东京大学尖端经济工学研究中心（现称为尖端科学技术研究中心），是国立大学中没有被此作风侵害的例外。能在这里工作，我荣幸至极。

要点　　日本大学的专业设置适应的是明治时代的产业结构，至今尚未变化。

第 6 章小结

1. 在**拒绝思考**的态度上，我们列举出了**权威主义**、**权势主义**、对异质事物以及新事物的同仇敌忾等。臆想以及自以为是都是思考的敌人。

2. 很多人因**缺乏自信**和怀有**满足**于现状的**小市民思想**而逃避思考。

3. 官僚机构被**先入为主观念**、形式主义、**随大流等思想所**毒害，它不允许失败，因而是阻碍思考的最恶劣的环境。日本的大学比企业、政府机关更顽固不化。

思考能力训练 6

危机脱离法

你把自家的钥匙忘在了公司的办公桌上，回家后发现家中无人。

我们来思考一下碰到这样的事情时，该如何脱离危机。我们再思考一下过去切身经历过的失败例子，或者是完全假设的例子。又比如碰到下面的情况该怎么办呢？

坐出租车驶出一段时间后才发现没有带钱包；在外国入住第一家酒店，本想给帮助搬行李的搬运员小费，却发现货币尚未兑换；将今晚必须完成的工作资料忘在了公司里；把钥匙落在车里就锁上了车门；等等。

无论是哪种情况，我们都无法用平常使用的方法来处理，必须思考它的替代方法。我们都能想出哪些方法呢？"需要是发明之母"，这种思考实验也能够训练思维。或许还能发明出新产品来。

我们也可以换个角度，思考"如何杜绝发生此类事情"。在实际中这更实用。如果能提出方案——"绝对不会忘记带钥匙和现金的秘诀"，说不定它会成为"商业专利"。

第 7 章

错误的思考方法

思考方法——依靠它想法就会自然涌现出来，真的有用吗？
在本章中，我们将对机械性、指南式思考方法进行批判性阐述。

1 指南式思考方法

●泛滥的思考方法

在书店可以找到无数本名为"**思考方法**"或"思考技巧"的书。
我们列举一下手头上几本书中提倡的"思考方法"，具体情况如下：

联想法、刺激词法、联想游戏法、印象·目录法。

分合法、KJ 法、NM 法。

矩阵法、过程分析、多角度分析法、柏拉图法。

树结构法、关联树法、系统树法、形态分析法。

流程图、列表清单法。

我们首先概述一下这些方法。因无法列举全部，仅举几个例子。

印象·目录法是从滑动网络销售的商品目录联想而来的。刺
激词法，是随机选择事先写好"从相反角度思考"等建议的卡片，
并根据指示来思考。分合法是寻找表面上没关系本质上却相似的
东西，以此获得启示来思考。列表清单法是提取某些对象，检查
它"还有其他用途吗？""反过来会怎样？"等情况。

通过这些简单的描述大家也可以明白，这里所叙述的方法基
本上是很多人在**无意识中**或者部分使用的方法。以**定型规则**来表

述这些方法的实施步骤是这些方法的特征。按照规则来推进思考，从这层意义上我们可以称它们为"**指南式思考方法**"。

这种指南乍一看确实很强大。如果说"只要学会了这些就能想出很棒的想法"，人人会飞奔而上吧。但是这些方法真的有用吗？

要点　　所谓的"思考方法"，是以固定规则清楚地表现了我们的日常行为，并将其形成了指南。

●未见过成功案例

如果先说结论的话，那就是我从没打算依靠指南式思考方法来思考。理由非常简单：我**不知道**有使用这些方法产生卓越想法的实际例子。

我的**老师们**、前辈们以及同事们，其中不乏有人取得卓越成就。但我没见过有人在思考时使用这些指南。

另外，读一下发现、发明的**历史**，我们也没有见到有描述因重新排列卡片而引发新想法的事情，❶ 也没有报道提到过因运用这些方法产生了新的商业模型。

有句话说"The proof of the pudding is in the eating"。意思是"布丁好不好吃，尝一口便知"。因没有实际的**成功例子**，所以就没

---

❶　据我所知，唯一的例外是元素周期表的发现。俄国科学家门捷列夫在将上面写有元素原子量和原子价等内容的卡片进行重新排列时，发现它们是有规律的。

有欲望使用这种方法。

相反，我们可以列举出很多未使用这些方法而产生卓越成就的例子。它们清晰地证明了**即使不依靠指南式思考方法也能够思考**。因此，我从一开始就对指南式思考方法不感兴趣。

另外，我对这些方法持有疑问还有其他原因。思考一下前面所述的思考机制，我们就会发现这些方法**在本质上是有问题的**。具体内容将在后面阐述。

> 我不知道有依靠指南式思考方法产生卓越想法的实际例子，所以就没打算使用这些方法。

门捷列夫

2 指南式思考方法的问题在哪儿

● 受制于规则而无法思考

正如前面所述这些方法的特点在于**"形成指南"**，即它们试图按照一定规则的**固定方法**进行思考。我的第一个疑问是："为什么必须受制于**规则**？"

　　我们知道游泳分为蛙泳和自由泳等游法，各种游法有规定的手脚游动方式。因而必须在最初就学习这些游法。因此"**自成一派**游的话，会养成奇怪的习惯，是不可以的"。那么，思考也是如此吗？

　　我的答案是否定的。例如头脑风暴，并没有人特别指出它的必要性，但很多人都普遍在用。

　　指南式思考方法规定了几个规则。第一个原则是"**不批判他人的想法**"。确实，批判无法获得建设性的回应。这种事情是常识，谁都知道。问题是将其形成规则，作为金科玉律是否有意义。而且，对再愚蠢的想法也坚持"不能批判"，这不是很奇怪吗？

　　依靠诸如**卡片**之类的外部性、**物理性手段**会怎样呢？如果思考是按照上面所述的机制来进行的话，依赖于这些方法有可能会**阻碍思考**。这在本质上是非常重要的问题，之后我们将以 KJ 法为例，再做一次详细阐述。

　　此外，这些方法所提出的各种各样的规则和程序，很难**永存脑海**。在意规则，被规则所吸引，反而无法自由地思考。这是因为**工作内存**（在大脑中存储短期记忆的地方）被记忆"规则"所**占据**，分摊给思考本身的重要部分就会减少。如果像彭加勒所主张的，思考的基础在于潜在意识活动的话，这将是一个重大的问题。

　　另外，诸如改变视角、使用矩阵之类的技巧，很快就会忘记。可能规则和程序堆积就是一个问题，人们很难牢牢记住 3 条以上的规则。

我的感觉是："如果必须记住固定规则，并遵循它来思考的话，那么思考将是多么麻烦又无聊的活动啊。"思考是头脑中的能动性活动。它是精神自由的活动，不该被程序所束缚。将本该自由进行的思考行为限制在固定方法中，必须按照一定程序来进行，这在本质上就是错误的。更别说期待"只要遵循规则，想法就会自然出现"，这是大错特错。

要点

思考本该是自由的精神活动，却试图以固定程序来规定它，这在本质上是很奇怪的。另外，也有可能因拘泥于方法，而妨碍原本的思考行为。

●没有必要的知识储备能进行思考吗

指南式思考法一方面拘泥于规则和程序，另一方面**轻视了**"必要知识的'填充'作业（学习）"。

如上所述，把必要数据装满头脑，**只需等待**，启发自会到来。

而且，一切都可能触发我们思考。新闻报道，散步时看到的街景都可能触发我们开发出新产品吧。重要的不是触发我们的事物，而是将信息和知识装满头脑后的等待。正如巴斯德所言，**"机遇偏爱有准备的头脑"**。不做好这些准备，再怎么翻阅商品目录、重新排列卡片，也根本不会产生有用的想法。

企业在对员工进行思考能力培训时，不应培训员工指南式思考方法，而应将该领域中所必需的基础知识和实际案例教授给他们。例如在企划开展新事业时，应该收集和分析大量的成功商业案例。我们在第 2 章第 2 节中阐述过**"模仿是创造的出发点"**，模仿对象也应包含思考方法。

在实际中也有"模仿方法"的例子。**案例教学法**是商学院的核心教学法。还有，在很多学科中教授的是应作为模仿对象的过去的模型。

如果我是企业员工，我会抗拒那种为培训指南式思考方法而被要求参加四天三夜的"思考方法培训会"。若要培训，我会要求进行专业知识的培训。如果培训负责人不能理解我，我会认定就职于这样的公司不愉快，会选择辞职。

要点

> 将必要的信息装满头脑是思考的必要条件。只需做好准备等待，启发自会到来。

●许多思考方法是"后见之明"

需要提醒大家的是，许多所谓的"思考方法"实际上是"后见之明"。它们不是先见之明，在产生想法上未必会起作用。

例如，失败有时会通往成功。我们在第 2 章第 5 节中列举的便利贴和聚四氟乙烯的例子就是这种情况。

但是在现实中这样的建议有效吗？人类的天性是在失败后努力寻求成功。通常不会从一开始就考虑将失败的产品用作他途。

实际上，不断转换开发策略将导致一无所获。

便利贴和聚四氟乙烯的例子是极其例外的情况。即使事实上存在失败引导成功的极少数例子，但我认为这样的例子并不多见。因此，将失败案例用于思考是否有效，是令人质疑的。

当然也有必要去研究失败案例。例如，在互联网上名噪一时的"推送技术"（一种电脑在不用状态时屏幕自动播放新闻的方式），尽管它在出现之初就吸引了人们的关注，但它并未得到普及。这是为什么呢？我们要想开展新的业务，就必须从中吸取教训。

通常我们可以从失败的经验中学到很多东西。但即便如此，失败的经验是否可以立即用于思考，仍然存在疑问。

要点

"向失败学习"之类的建议是"后见之明"，它不是先见之明，在产生想法上通常不起作用。

● **"通用的思考方法"犹如炼金术**

我不相信指南式思考方法的另一个原因是"独立于具体对象的通用的思考方法令人难以置信"。

如第 2 章第 1 节所述，我们已经在数学等课程中学习过了思考方法（**思维方式**）。但是在这些课程里，不是只抽取思考方法来学习，而是学习**具体问题**的具体解决方法。一般而言，只能根据实际问题来学习判断"哪种方法适用于哪个问题"。

万事皆如此，但"有没有答案？"是一个大问题。学校考试中的问题肯定会有答案，但有些实际问题却没有答案。典型例子是炼金术和永动机。如果它们能够实现的话，那就太好了，但它们却无法被实现。"通用的思考方法"是如同炼金术或永动机一样的存在。

要点

我们在数学等课程中学习了"思考方法"。但是这些方法是解决具体问题的方法。一个独立于具体对象的"通用的思考方法"令人难以置信。

3　使用卡片对思考有用吗

● 将本该在头脑中进行的操作写到卡片上？

前段时间，人们在说到"思考方法"时经常会提及"KJ 法"。这种方法试图通过重新排列卡片来进行思考，具体情况如下❶。

在多人会议上总结意见时，首先与会人员就与主题相关的事实报告和观点**畅所欲言**。记录人员将发言要点记录到名片大小的卡片上。将完成的数百张卡片像塔罗牌一样铺展开来，内容相近的卡片汇总到一起，然后汇总内容写到新卡片上。小组汇总成中等小组，然后中等小组汇总成大组。以此为素材进行图解或者撰写文章。

---

❶　川喜田二郎，《思考方法》，中公新书 136 期，中央公论社，1967 年。

以上是多人的共同操作，仅一个人也能完成这些程序。

我在很久以前也尝试过这种操作，但是很快就放弃了。我的体会是"尝试无用的组合毫无意义"。

而且我很快意识到："这是在头脑中做的事情，不必麻烦地写到卡片上。"我是一个人做的，如果集体做的话，不知道将陷入何种混乱状态。

立花隆对 KJ 法提出了相当严厉的批评意见 ❶：

我知道 KJ 法的原理非常重要。但它（中间省略）自古以来是在人们的头脑中实践的。（中间省略）KJ 法的独特之处在于，将之前在个体头脑中进行的意识内过程呈现到了意识外，转变成一种物理性操作。

（中间省略）

只有头脑迟钝的人集体进行思考时，它才显现作用。（中间省略）拥有一般水平以上头脑的人在独自思考时，这些特征反而成为缺点。（中间省略）将意识中进行的无形操作转换为物理性操作后，效率会大打折扣。

（中间省略）

多人步调一致地进行思考这种复杂且高级的心理活动，是不可能顺利的。最终的必然结果是彼此拖后腿。（中间省略）集体进行本该个人进行的操作，必定会出现弊端。

我基本上赞成这一批判性意见。

---

❶ 立花隆，《"知识"软件》，讲谈社现代新书 722 期，1984 年。

> 　　KJ 法是企图通过重新排列卡片来进行思考。但是在头脑中做的事情，不必费心用麻烦的程序来执行。

●写出思考片段会降低效率

　　川喜田二郎在倡导 KJ 法的《思考方法》一书中，指出思考的要点是"如何从一组无法相互比较的异质数据中发现有意义的联系"。的确如此。

　　另外，他还阐述道："我认为在彭加勒的头脑中也进行了与 KJ 法相同的程序。"这也是事实。如上所述，思考就是这样的精神活动。

　　问题在于"这个操作是在**头脑中**进行还是写到卡片上"。川喜田二郎还写道："（KJ 法）是复制头脑中某处所做的努力思考。但它不是在头脑中进行，只是将相当多的一部分拿到外部去做了。"

　　思想最终会以文章、图表或数学公式等形式显现出来。因此，确实必须将其在某个阶段以某种形式显现出来。问题在于"在哪个阶段显现出来"。

　　KJ 法是在素材阶段（或接近此阶段的阶段）显现出来。也就是说，KJ 法旨在写出未成形的思考片段，以物理性操作找到它们之间的关联。川喜田先生将其阐述为："**用数据说话。**"但是问题就在于此。

　　如第 1 章所述，卓越的创造活动不是机械地检查**每个组合**，而是在最初就排除掉那些毫无意义的组合。正如该处所引用的彭加勒之言，可能的组合总数无限，而且其中大多数是毫无意义的。"发明即选择"不是找出众多的样本并逐一检查挑选，而是排除无用的组合，或者"不在制作组合上花费功夫"。

KJ 法排斥这种直观判断能力，试图机械地检查一切可能的组合。但是，它一边认为"尝试这样的组合"不会有结果，一边又规定必须遵循 KJ 法的规则，这真是无稽之谈。

此外，如第 1 章所述，为"**排除无意义的组合**"所做的初次操作是在无意识中进行的。否则就无法尝试如此众多的组合（若在意识中进行此项操作会降低效率。参见前面立花隆的批判）。

如果用计算机来做比喻的话，KJ 法如同逐一与外部存储器交换信息，因而速度会显著下降。思考所使用的数据必须存放在内部存储器，且要高速处理才可以。

因此，"为什么一般人在头脑中进行的操作却要特意写到卡片上，有这个必要吗？"这一点是对 KJ 法的最大质疑。川喜田认为："（KJ 法）客观地将思考信息逐一地投射到外部世界去处理，以避免大脑负担过重。"的确，在某个阶段之后，比起在头脑中思考，将思想转换为文章等外部形式，更有助于"避免大脑负担过重"。但是，KJ 法却试图过早地在初级阶段（众多碎片化的思想之间尚未建立联系的阶段）做到这一点。这是问题所在。

在《思考方法》一书中，川喜田阐述道："潜在自我优于有意识的自我（彭加勒的论断），这与运用 KJ 法毫不矛盾。相反，它甚至解释并验证了其适用的有效性。"我认为这种解释不足以

让人信服。KJ 法显然与彭加勒的论证相悖。❶

要点

> 思想必须在某个阶段实现外部显现。但是，KJ
> 法试图过早地在初级阶段完成这一操作，因而降低
> 了思考效率。

●与积累笔记有何不同

从表象上看，我们经常做与 KJ 法极为相似的工作。例如，在撰写论文或书稿时，中途将所思所想记录下来，也会对它们进行重新排序。这乍一看，似乎是在做与 KJ 法一样的工作（处理数字信息时操作看起来更相似）。

但是它们之间有着重要的区别。做笔记时，头脑中已经形成逻辑关系了，它不像 KJ 法那样"写出来之后再建立关系"。

实际上将笔记搁置一段时间后，有时候自己也会忘记它的脉络关系。写的时候认为理所当然的逻辑关系现在却忘记了，看着眼前的笔记茫然无措。在 KJ 法的使用过程中，面对数百张尚未建立逻辑关系的卡片，可能也会有相同的感觉吧。即便被要求找到它们之间的联系，也只能束手无措。

---

❶ 川喜田二郎从"若不进行基本形式训练的话，会形成恶习"这一角度出发，强调"必须进行正规训练"。此处所说的"正规训练"指的是在他主办的培训机构中进行的培训。他说在那里他会根据"KJ 法的技巧"提供阶段性培训。对此我们只能用"奇怪"一词来形容。我们知道舞蹈、运动，或者花道、茶道之类的，必须学习其动作，因而必须进行实地训练。但是，"思考"本该是精神性活动，为什么这一智力活动只靠读书是不够的呢？

要点

　　我们有时会做外表上类似于 KJ 法的工作。但并不像 KJ 法那样记录尚未建立逻辑关系的碎片想法。

●若拘泥于 KJ 法，科学不会进步

　　更加本质的问题在于"若拘束于日常观察，表面关系或表象上的相似性，则难以看清真实关系"。

　　例如，地动说是与日常直觉和观察完全相悖的理论。没有人能够感觉到地面在活动。因此，人类若没有跳跃性的洞察思维，就无法突破天动说。

　　或者，诸如"物体的下落速度与其重量无关"或"如果不对物体施加力，物体将以恒定速度运动"等伽利略的见解，是绝不可能从日常观察中推导出来的。这些见解才是现代科学的起点。如果人类拘泥于 KJ 法之类的方法，则无法突破"用数据说话"的方法论，现代科学就不会诞生。

　　科学的进步也可能产生于看似无关的要素的结合。例如，期权这种金融商品的定价理论运用了物理学的热传导方程式。它得以发现是因为在抽象层面上使用微分方程描述价格行为。使用 KJ 法是绝不会获得这种发现的。

　　我们在这里所论述的是与"模型"概念相关的内容，对此已在第 2 章第 3 节中做了阐述。

要点

> 若拘泥于表象关系，现代科学就不会诞生。许多科学发现也源于抽象层面的模型。

4　指南式思考方法发挥作用的领域

●对"查漏补缺"有效

我们对"应按照一定的程序思考"这种"指南式的思考方法"进行了**批判**。特别指出了依赖外部手段（诸如卡片）之类的方法存在的问题。

但是，大家还应该注意以下几点。

第一，这些方法所设想的**思考方法本身并没有错误**。如上所述，思考关联性或者用矩阵来思考，我们在日常生活当中会部分地或无意识地使用这些方法。问题在于它们被**格式化、规则化**了。执念于规则化的程序后，便依赖于"只要遵循规则就能**自动地思考**"。

第二，这些方法并非"在任何情况下都完全无效"。例如，类似于彭加勒依赖直观判断能力的方法可能会忽视某些可能性。因此，诸如绘制矩阵进行分类的方法对填补漏洞是有用的。我自己也经常这样做，来检查"有没有忽视的地方"。

但是，这只不过是发现"漏洞"和"疏忽"。归根结底是追求**精益求精，查漏补缺**。另外，有些简单的情况，在头脑中也能完成检查，无须逐一用图形、表格来表示。实际上，许多人是在无意识中做这些事情的。

> **要点** 　　我们在日常生活中经常使用指南式思考方法的基础方法。另外机械性的检查清单也有助于发现"疏忽"。

●在"无模型领域"有效

什么样的方法对思考有效，这取决于"思考什么样的内容"。

诸如思考**商品名称**、**书籍**题目，或者制作宣传**文案**等，思考内容比较单纯时，**机械性检查组合的方法**可能有效。我自己在寻找小论文主题时，经常去街上散散步或者看看报纸报道之类的。

另外也受工作内容或学科差别的影响。一般来说，在那些不需要"模型"的领域中矩阵检查等机械性方法有效。寻找小论文的主题或者思考商品名称就是这样的例子。

反过来说，在那些"模型"起到重要作用的领域，诸如探求新理论或者开发新的商业模式等，机械性思考方法则无效。

> **要点** 　　指南式思考方法在那些"模型"不发挥重要作用的领域中有效。

第 7 章小结

1."指南式思考方法"试图按照一定的程序来推进思考，它存在着几个问题。将"思考"这种自由的精神活动强行塞入定型程序中，本来就很奇怪。另外轻视基础知识的学习，**试图仅依靠指南进行思考也是错误的**。

2. KJ 法试图通过重新排列卡片进行思考，这与彭加勒的观点"**不尝试无用组合**"相悖。将本该在头脑中思考的组合写到纸上，降低了思考效率。若拘泥于 KJ 法"用数据说话"的话，现代科学就不会诞生。

3. 指南式思考方法在**查漏补缺**上发挥作用，只适用于那些无模型领域。

思考能力训练 7

恶作剧锤炼思考能力（一）

已故的 X 先生是我尊重的一个人，他从年轻时就因淘气被大家所熟知。据说他在和几个朋友一起喝酒时，打电话到同事 Y 的家中。他开玩笑说："这里是麻布电话局。"还说："明天我们将发送压缩空气检查电话线，可能会飞溅出垃圾，请严严实实地包裹住电话。"Y 先生的夫人对这一指示毫不怀疑（现在说起来觉得不可思议，可能因为当时家用电话还不怎么普及吧）。第二天，X 先生和朋友去了 Y 先生家，发现他家的电话确实用布包裹得严严实实的。

还有一次他恶作剧道："您家电话好像出故障了，请敲击锅具进行测试。""我听不太清楚。再大点儿声敲。"据说夫人对 X 先生言听计从，于是深夜在居民区里回荡着震耳欲聋的锅具敲击声音。

X 先生是一家政府金融机构的总裁，在欢迎新任副总裁的会议上，副总裁刚一落座就响起了"嘘"的一声。副总裁无法想象这一恶作剧的罪魁祸首是总裁吧。

恶作剧的原则是：受害者不会青筋突起、大发雷霆。也不会因担心不知道何时会被设下机关而精神紧绷，也不会煞费苦心地想要如何报复。我认为这会提升思考能力，大家觉得如何呢？

第 8 章

"超级"思考法的 5 条基本法则

我们将之前在本书中阐述的内容总结为"关于思考的 5 条法则"。

1 关于思考的 5 条基本法则

●法则 1　没有模仿就没有创造

人们从常识上认为"**思考或创造是重新创造出之前不存在的事物**"。"**丢掉模仿，努力创造**"之类的口号表明了这一点。

"超级"思考法的基本法则将**否定**这一常识。新的想法不会**突然诞生**于一无所有之处，灵感不会突然从天而降。

新想法产生于对现有想法的**重组或改组**。从这个意义上说，无论看起来独创性有多高的想法，它都是对以往想法的**改进**。❶

商品名称或广告文案，充分说明了这一点。大多数新业务或新产品都是对既存事物的改组或变形。

在学术中，大多数所谓的"新理论"，也是对现有研究的改进。例如，被称为"哥白尼式大转变"的**地动说**也不是**哥白尼**的独创，而是基于**费奇诺**的太阳论形成的，哥白尼在克拉科夫上学期间听到过这一理论。

---

❶　詹姆斯·韦伯·扬也在他的关于思考的经典名著《生产意念的技巧》中，阐述了与此完全相同的观点。

尼古拉·哥白尼

马尔西略·费奇诺

物理学家**费曼**说道:"科学的创造性是**戴着脚镣的创造力**。"物理学家**克劳斯**说道:"物理学上的进步是通过'**创造性抄袭行为**'实现的。"

连拥有惊世独创性的天才数学家**伽罗瓦**也说道:"创造的源泉在于前人的成就。"歌德曾戏谑莫扎特说:"他的作品是戏弄人类的恶魔之作,没有人能模仿。"连**莫扎特**的音乐,起点也是完全模仿。❶

许多经济学新理论也是之前理论的再生或重构结果。例如,金融工程学中一项划时代的突破——Black-Scholes 期权定价模型,也是应用了物理学研究中的**布朗运动**和热传导理论。

---

❶ 歌德的话出自《与埃克曼的对话》(岩波文库)。

理查德·费曼

埃瓦里斯特·伽罗瓦

沃尔夫冈·阿玛多伊斯·莫扎特

　　我们列举出了以上诸多例子，但可能还会有人对这一法则持反对意见。他们认为："真正的创造不是组合。它是一种崇高的智力活动。"

　　正是此类想法使人们对思考这一活动敬而远之。若站在他们的立场上的话，则意味着"普通人无法接近创造这一高级的智力活动"。实际上也有许多人认为："思考与自己无关，这是有能力的人才能进入的神圣领域。"他们因此从一开始就选择退缩。

但这是一个很大的误解。思考不是仅容许一部分人拥有的特权。这是第 1 条法则最重要的意义所在。

> 想法产生于对现有想法的改组。科学上的发现是"创造性抄袭行为"。思考不是一部分天才的专有行为。

●法则 2   在头脑中进行想法改组

一切思考皆在头脑中完成。这似乎是一个不用证明的命题，但未必如此。

因为许多人认为"想法的组合是通过使用卡片或**思考指南**之类的外部辅助手段（例如卡片和想法手册）产生的"，并且认为这种方法是通常所说的"**思考方法**"。

"超级"思考法的第 2 条法则否定指南式的思考观点。可能的"组合"数量极其庞大。因此，思考过程中需要的不是机械地创建新的组合或一一检查它们，而是从大量的组合中排除无意义的组合。

这是大脑的工作。**彭加勒**说："大脑有能力自动排除**不必要的组合**或无意义的组合。"如果使用卡片进行组合的话，则必须处理那些毫无意义的组合。也就是说，对能够在大脑中高效完成的事情，却故意去降低它的效率。

我们必须认识到，即便卡片或思考指南等辅助方法有效，说到底它们也只不过是辅助方法。

而且我们已经通过学校学习、日常生活或游戏掌握了思考所需的基本方法，无须再学习那些标新立异的思考方法了。而且只懂得**方法论**也不会产生想法。只关注方法，会忽略重要的思考活动本身。从这个意义上说，拘泥于**指南式思考方法**会阻碍思考。

> **要点**
>
> 从数量庞大的组合中提取有意义的组合，这项任务只能在大脑中完成。因此，卡片或思考指南等仅仅是辅助方法。

●法则3 首要任务是将数据装满头脑（学习）

若**头脑中一片空白**是不会产生新想法的，因此首先必须在头脑中装满数据。为此必须输入**素材**，输入数据比费心于指南式方法更重要。即必须"**学习**"。

如果想法产生于过去所学**知识的组合**，那么知识越丰富的人，就越有可能发现新的组合。那些认为"思考是创造新事物"的人往往忽略了这一过程。但是，不学习产生出来的只有**自以为是的独断**。也有人认为："只要掌握了思考方法，不苦心学习也能够获得想法。"这是一个很大的误解。

苏联物理学家**阿尔卡季·贝努索维奇·米格达尔**在他的著作《**重大伪发现的区分方法**》一书中，列举了多个例子。[1] 其中他写道：

---

[1]　阿尔卡季·贝努索维奇·米格达尔（长田好弘译），《理科的独创思考方法》，东京图书，1992 年。

"该论文的作者尚未接受有关该课题的专门培训。他没有正确、恰当地引用同时代的科学著作，是如此不通晓情况。"

这也是我经常切身体会到的事情。诸如此类："之前的经济学理论皆是错误的。我们找到了克服它的重大基本原则。"但这无一例外是懈怠于基础知识学习所产生的独断。自古至今此方面的专业性讨论一直未断，只是他全然不知。

经济学家**保罗·萨缪尔森**在日文版《经济分析基础》一书序言中做了如下阐述：❶

当有人问我当时都订阅了哪些经济学专业杂志时，我只能回答我阅读了所有的。（中间省略）也有人不读别人的研究进行自我创造，但这通常是表象上的独创，熊彼特讽刺它为"主观性独创"。（中间省略）他们不管别人的成就如何，每天从早到晚忙于制造自己设计的车轮，却吹嘘自己造出了车，最终虚荣心泛滥。

保罗·萨缪尔森　　　　　　　　约瑟夫·熊彼特

---

❶　保罗·萨缪尔森（佐藤隆三译），《经济分析基础》，劲草书房，1967 年。

从第 3 条法则的观点我们可以导出这一结论："填鸭式教育才是创造性教育的出发点。"这与一般常识大相径庭。

要点

具备相关信息和知识是思考的必要条件。因此，知识越丰富的人，越有可能发现新的组合。

● 法则 4　环境影响思考

智力活动受**环境**条件的影响很大。有些环境容易产生想法，有些则不然。

理想的思考环境是**智者**齐聚一堂进行轻松的讨论。此外，在生活环境中若配有舒适的散步小道则能提升卓越想法产生的概率。不断挑战知识性课题，必要时能够集中精神，处于这种环境中的人更有可能产生创造性成就。

创建易于产生想法的**环境**非常重要。而且很多时候只要努力，是能够创设这种环境的。特别是大学和研究机构，具备这样的研究环境尤为重要，这是确定无疑的。鉴于想法的重要性日益提升，公司也需要创设这样的环境。

与此相反，我们也可以指出一些**阻碍思考**的环境。例如，从早到晚忙于会面，**日程预约表**被安排得满满当当，每天挣扎于琐碎的**事务性工作**，这样是无法提出新想法的。每天沉迷于电视也不会产生新想法。此外，即使个人热衷于思考，但所属**机构对其加以压制**的话，好的想法也不会出现。若长期供职于这样的机构，个人的思考能力终会消失殆尽。

不仅仅是这些，在我们周围还有许多环境和因素会阻碍思考。如果大家真的认为必须进行思考的话，就应消除掉它们。这在实际中是非常重要的。

要点

  周围智者同聚，不断挑战知识性课题，能够集中精神等，是促成思考的重要因素。

●法则5 必须有强大的动力

按照以上法则，思考的必要条件，第一是输入数据的**学习**；第二是具备合适的**环境**。但这依然不充分。

若悠闲地等待，想法不会自己出现。它与在睡眠中等待彩票中奖不同，只有积极地**追求**和**挑战**，才会有所想法。也并非只要花费时间就能获得结果。不认真对待的话，是绝不会有收获的。

人类只有在需要时才会认真对待。因此，必须有**强大的动力和动机**，无论如何都要有所思考。只有这样才能废寝忘食地专注于工作。

动力或动机在任何工作中都很重要，它在知识性工作中尤为重要。

从这个意义上说，**"需要是发明之母"**。经过拼命思考后，发明才得以出现。从广义上说，这里的"需要"可以是对荣誉的渴望，也可以是对金钱的渴望，又或者仅仅只是出于好奇。实际上许多科学发现源于研究人员的纯粹好奇心。很多时候强烈的**好奇心**是激发思考的**最大原动力**。

要点

> 必须有强大的动力和动机，无论如何都要有所思考。

2 思考的 5 条法则总是正确吗

●有"完全独创的想法"吗

在第 1 条法则中我们阐述了："新想法是对旧想法的改进。"此法则是否有例外情况呢？

当然我们无法断言"绝对不可能"。

看一下**列奥纳多·达·芬奇**的发明就更有这种体会。在 15 世

列奥纳多·达·芬奇

纪的文艺复兴时期，他绘制了机枪、自行车、轴承、滚珠轴承，甚至飞机和潜艇等机器的设计图纸，这些图纸在 400 多年后才被人们实际使用。❶ 这与当时的知识和技术水平相差甚远。他若非来自太空，就只能认为他使用时光机回溯了 400 年。这些可以说是"完全独创的想法"。但这些应该被认为是与普通人不同类别的天才思想吧。

---

❶ 高津道昭，《列奥纳多·达·芬奇镜像文字之谜》，新潮选书，1990 年。

但是，**改进**即使不是全新的也非常有价值。在现实层面上，这种意义上的新颖已经足够了。

从某种意义上讲，"**改进**"的想法也有各种级别。有诺贝尔奖级别的**伟大发现**，有变革社会的思想。这里非常重要的一点是并非必须追求最高级别的改进，即使是很小的变化也很重要。对实际使用而言，最重要的通常是"**最后一步**"。

不管它的级别如何，思考的**机制**和引发思考的条件是**相同的**，这一点很重要。我们事先并不知道能得到何种结果。总而言之，只要需要想法，就必须遵循此处提出的 5 条法则。

要点

　　可能也有完全独创的想法。但在现实中，即便是很小的改进也很重要。

●**机械性方法发挥作用的情况**

在第 2 条法则中我们指出"指南式方法无效"。此法则是否有例外情况呢?

它同样可能会有例外。在第 2 条法则中我们指出"**机械性方法比表面看起来要低效得多**"，但我们并非主张它毫无用处。

实际上，对于简单的想法（例如商品**命名**），通过使用诸如创建矩阵或者排列卡片之类的**机械性方法**，也有可能找到之前被忽视的组合。使用工业生产之类的方法在某种程度上可以处理这些对象。可能市面上泛滥的"思考方法"书籍所设想的就是这种用途。

可是，当情况变得稍微复杂时，诸如开发新的商业模式、策划新的业务、开发新的产品等，机械性方法的**有用性则令人怀疑**。更不用说对于学术上的想法，这种方法的有效性就更令人**生疑**。如果可以使用，说明该领域缺少"模型"概念。

要点

对于简单的想法或不需"模型"的领域，指南式思考方法可能还有用武之地。

●科学发现与商业想法相同吗

当今时代商业领域也需要新的想法。那么**科学发现和商业想法的性质**是一样的，还是截然不同的？

当然它们的内容完全不同，它们所产生的环境以及所使用的目的和领域也不同。**科学发现**旨在加深对世界的了解，而新的**商业目的**是被多数人接受。

科学家的思考通常是个人行为，与此不同，商业想法可以由集体提出。另外，对于第3条法则中所提到的**"学习的必要性"**这一点，可以说在科学领域更加重要一些。尤其是在最先进的自然科学领域，若不熟悉之前的成就则举步维艰。相反，商业想法通常来自实践经验。

但是，我们认为它们在新想法产生的机制上**基本相同**，至少它们同等适用之前所提到的5条法则。从这个意义上说，它们是一样的。

特别是在**"没有模仿就没有创造"**这一点上，商业领域则更明显。

亨利·福特开发出了具有革命性的 T 形车模型，该模型将汽车从"有钱人的玩具"转变为"大众的代步工具"。[1] 他讲道："我没有发明任何新的东西。我只是结合了他人的发明制造出了汽车。若是在五十年或者十年之前，不，五年之前开始工作的话，可能会失败。"

另外，"在**头脑**中进行组合""**热情**很重要"等等，无论是在商业领域还是在科学领域皆完全**相同**。因此，分析科学的发现过程也将给商业创造过程提供重要的参考。

要点

> 商业领域中的想法的产生基本上与科学研究中的想法相同。

●模仿天才莫扎特

在音乐、绘画、雕塑以及电影、音乐剧等艺术领域中，思考是怎样的呢？

我在这些方面是外行，没有信心提出看法。与科学发现和新的商机开发相比，在这些领域中的创造活动中**直觉**、**灵感**或者天赋等起着决定性的作用。从这一点上看，它们似乎性质完全不同。实际上，当我读到**亨利·盖翁**描述莫扎特创作过程的文章时，唯

---

[1]　迈克尔·马哈尔科（齐藤勇监译），《创意玩具箱》，钻石出版社，1997 年。

有感慨"太超乎想象了"。❶ 内容如下：

他（莫扎特）不像天才贝多芬一样，基本上不用费尽心思就能写下草稿之类的。从最初的构思到修改、完成，一切都在头脑中进行。据说他大体上同时观察到了各个声部、小节数以及相互关系。之后只需写下谱子即可。他在信中诉苦道经常因速度太猛烈导致手指疼痛。有时候会一边改写头脑中浮现出来的作品一边思考其他作品，甚至一边思考行板一边思考圆舞曲。

而真正令人惊讶的还在后面。盖翁解释说莫扎特的创作起点是**完全模仿**。

路德维希·范·贝多芬

他（莫扎特）经过反复模仿，最终实现完全模仿。（中间省略）莫扎特因此具有肖伯特风格、约翰·克里斯蒂安·巴赫风格、米歇尔·海顿风格、约瑟夫·海顿风格、皮奇尼风格、萨奇尼

---

❶ 亨利·盖翁（高桥英郎译），《与莫扎特同行》，白水社，1988 年。

风格……如此不断地模仿作曲。因他模仿得太像了，以至于无法区分是他自己的作品还是样板作品，而样板作品反而似乎在模仿他的作品。

当他们（肖伯特和莫扎特）在巴黎相遇时，20年后的莫扎特已经与约翰·肖伯特极为相像。被莫扎特模仿并改编成协奏曲的奏鸣曲之一，甚至在很长一段时间里都被认为是这位年幼模仿者的作品。

约翰·克里斯蒂安·巴赫   约瑟夫·海顿

莫扎特不只在少年时期进行模仿。莫扎特的研究专家阿尔弗雷德·爱因斯坦指出，《木星》交响曲的最终乐章与米歇尔·海顿的交响曲最终乐章非常相似。也有人指出莫扎特的《安魂曲》如同海顿的《安魂曲》。❶

---

❶ 木原武一，《天才的学习技巧》，新潮选书，新潮社，1994年。

阿尔弗雷德·爱因斯坦

要点

> 在艺术领域的思考中，模仿有时发挥着重要的作用。莫扎特就是典型例子。

●遵循 5 条法则必定有收获吗

只要拥有强烈的动机，头脑中装满大量的数据，并且具备适宜的环境，就**必定会产生变革性的想法吗**？

这是一个难题。说实话，我们很难断言"必定会产生"。因为思考是一个**能动性的过程**。至少我们难以保证在一定时间内必定会产生成果。

但我们可以说**"概率提高了"**。在想法产生的可能性上，输入数据多的比少的高，适宜的环境比不适宜的环境高，动机强的比弱的高。

要点

思考是一项艰巨的任务，遵循 5 条法则能提高
想法产生的概率。

●智商有影响吗

高智商是开展创造性活动的必要条件吗？下面我们讲一个与
此相关的故事。

一家出版公司的总裁因担心公司员工缺乏创造性，就拜托心
理学家进行调查。在对员工进行了为期一年的密切调查后，结果
发现有创造力的人与无创造力的人之间只有一个差别。

那就是"**有创造力的人认为自己是有创造力的，没有创造力
的人认为自己是没有创造力的。**"[1]

这一趣事极具启发性："没有创造力"是"自认为没有创
造力"，或者也可以说"自认为有创造力的话，就能够进行创
造性活动"。

历史上的大家和文学家们也证实了这一点。想法或创造力**基
本上与智商值无关**。

当然也有智商水平很高的人。据说根据幼儿时期的语言能力，
歌德的智商值约为 185，**约翰·斯图尔特·密尔和莱布尼茨**的智商
也是这个水平。[2]

但并非每个从事创造性工作的人都有很高的智商。**牛顿**的

---

[1] 迈克尔·马哈尔科（齐藤勇监译），《创意玩具箱》，钻石出版社，1997 年。

[2] 福岛章，《天才》，讲谈社现代新书 721 期，1984 年。

智商值据说约为 125，他甚至在十几岁时听从母亲的劝告中途退学。

爱迪生也因成绩差而被学校要求退学。**爱因斯坦**也是因为成绩不佳，未通过瑞士联邦理工学院（ETH）的入学考试。上了预科学校后才于次年通过。他被贴上了"没有能力的人"的标签，供职于专利局拿着微薄的收入。

约翰·斯图尔特·密尔

托马斯·爱迪生

反过来说，智商水平高的孩子长大后也未必会成功。这一点大家都很清楚。这样看的话，似乎可以说创造力不是与生俱来的能力。

要点 创造力有时与智商水平或学校课程成绩无关。

第 8 章小结

1.新想法的产生不是从无到有。无论独创性有多高的想法都是对既有想法的改组。**模仿是创造的起点**。思考不是一部分人的专属行为。

2.将**必要知识**装满头脑是进行思考的必要条件。

3.在**头脑中**对既有想法进行改组。与其拘泥于方法,不如在**完善环境**上下功夫。

4.科学想法、商业想法以及艺术想法在外观上虽有不同,但**本质上是相同的**。

恶作剧锤炼思考能力（二）

经济学家保罗·萨缪尔森教授在诺贝尔奖获奖纪念演讲中说："伦德贝里教授事先严肃提醒我这次演讲非常庄重，万不可跑题。"之后他便跑题了。这是故意不写入草稿，钻了伦德贝里教授审查的空子吧？

本杰明·富兰克林未成为美国《独立宣言》的原始起草人，据说是因为担心他偷偷在草稿中开玩笑。

本杰明·富兰克林

18 世纪的荷兰医学家兼化学家波尔哈夫留下了一本巨著——《医学的重要秘诀》，他去世后此著作被拍卖。出资 2 万美元买

到手的买家打开书一看，100 页中有 99 页是空白的，只有第一页
上写着："温足凉头，如此无需医生。"

　　因表演感情丰富而广受欢迎的波兰女演员莫德热耶斯卡，在
无人懂波兰语的聚会上表演了诗朗诵节目。大家都被她感动得泪
流满面，但她只是读了一遍波兰语的字母表。

海伦娜·莫德热耶斯卡

　　虽说"恶作剧锤炼思考能力"，若世态紧迫时恶作剧就要退
出舞台。日本进行国家预算时，习惯在大藏草案获得批准时搭配"双
关语"（谐音的俏皮话，这是"大藏省"这个部门存在之时的事情），
但不知何时它已销声匿迹。这是否反映了日本社会已不再从容不
迫呢？